高等职业教育公共基础课系列教材

人工智能应用基础

（PaddlePaddle 版）

盛鸿宇　王新强　魏建国　编

机械工业出版社

本书按照人工智能模型训练开发流程介绍了人工智能模型训练开发技术，包括 PaddlePaddle 的简介及基础知识、线性回归、卷积神经网络、循环神经网络、自然语言处理、推荐算法、计算机视觉、迁移学习、图像分类、图像识别等，并通过实际的操作案例详细、直观地讲解了人工智能算法和模型的实现过程，可帮助开发人员快速完成人工智能等相关开发任务。

本书内容简明通俗，便于理解，不仅可以拓宽读者的知识面，还可以培养计算机应用能力和解决问题的能力，具有实用、操作性强等特点。本书既可作为高等职业院校和应用型本科人工智能、大数据等相关专业的教学用书，也可作为相关专业人员自学的参考书和培训教材。

为方便教学，本书配备电子课件等教学资源。凡选用本书作为教材的教师均可登录机械工业出版社教育服务网 www.cmpedu.com 注册后免费下载。如有问题请致信 cmpgaozhi@sina.com，或致电010－88379375 联系营销人员。

图书在版编目（CIP）数据

人工智能应用基础：PaddlePaddle 版／盛鸿宇，王新强，魏建国编．—北京：机械工业出版社，2023.4

高等职业教育公共基础课系列教材

ISBN 978－7－111－73191－7

Ⅰ.①人… Ⅱ.①盛… ②王… ③魏… Ⅲ.①人工智能-高等职业教育-教材 Ⅳ.①TP18

中国国家版本馆 CIP 数据核字（2023）第 088898 号

机械工业出版社（北京市百万庄大街 22 号 邮政编码 100037）

策划编辑：赵志鹏　　责任编辑：赵志鹏　张翠翠

责任校对：牟丽英　张　薇　　封面设计：马精明

责任印制：李　昂

北京捷迅佳彩印刷有限公司印刷

2023 年 8 月第 1 版第 1 次印刷

184mm×260mm · 13 印张 · 278 千字

标准书号：ISBN 978－7－111－73191－7

定价：53.00 元

电话服务

客服电话：010－88361066

010－88379833

010－68326294

网络服务

机 工 官 网：www.cmpbook.com

机 工 官 博：weibo.com/cmp1952

金 书 网：www.golden-book.com

机工教育服务网：www.cmpedu.com

前言

人工智能技术的高速发展将深刻改变人类社会的方方面面。为了紧跟人工智能的发展战略，医疗、交通、航天、工业等各个领域都在大力发展人工智能技术。人工智能的效率和准确率也在不断提高，它完成了传统模式下需要消耗大量的人力和物力才能完成的工作，提高了工作效率，降低了成本。

本书为人工智能产品的实现提供技术指导，可帮助开发人员快速实现人工智能产品的开发。

本书的特点

本书从不同的视角对人工智能的框架及典型的案例进行介绍，主要包含人工智能简介、人工智能开发框架、线性回归、卷积神经网络、推荐算法、计算机视觉等知识。全书知识点的讲解由浅入深，内容系统全面。

本书条理清晰，内容详细，每个任务都包含任务目标、任务描述、任务准备、任务实施、任务小结、任务评价6个模块。其中，任务目标对本任务内容的学习提出要求；任务准备对当前任务实现需要的理论和实操技术进行详细介绍；任务实施通过对任务背景、实验思路及任务步骤几个方面介绍任务解决的实际问题、任务的实现思路和任务的实现步骤，使读者能够全面掌握所学内容。

本书的主要内容

本书共有13个任务。

任务1从人工智能基础知识开始，讲述了什么是人工智能、什么是深度学习、人工智能深度学习使用步骤、常用的人工智能深度学习框架、人工智能在各领域的应用等。

任务2从PaddlePaddle的简介开始，详细介绍了PaddlePaddle的应用、环境搭建及高层API的特点。

任务3详细介绍了PaddlePaddle基础知识，包括张量、动态图、模型开发等。

任务4介绍了什么是机器学习、机器学习的算法分类，线性回归、sklearn库等内容，并实现了程序员月薪预测。

任务5详细介绍了机器学习的分类、什么是卷积神经网络，以及卷积神经网络中的输入层、卷积层、激励层、池化层、全连接层的概念和具体的工作等内容，并实现了猫狗分类。

任务6详细讲解了常用的卷积模型的分类，包含LeNet-5、AlexNet、VGGNet、GoogleLeNet等内容，并实现了眼疾识别。

任务7介绍了循环神经网络、LSTM模型等内容，并实现了谣言检测。

任务8详细讲解了自然语言处理的概念、自然语言处理的发展历程、自然语言处理的应用、词向量Word2Vec的模型、门控循环单元神经网络等内容，并实现了电影评论情感分析。

任务9详细讲解了什么是推荐系统、推荐系统的本质、常用的推荐系统算法、工业实践中的推荐系统等内容，并实现了电影系统推荐。

任务10介绍了什么是目标检测、目标检测的应用场景、常用的开源数据集、PaddleDetection、用户数据处理等内容，并实现了火灾烟雾检测。

任务11讲解了什么是迁移学习、什么是PaddleHub、PaddleHub的主要功能等内容，并实现了桃子分拣。

任务12详细讲解了什么是EasyDL、EasyDL的应用场景、EasyDL的优势等内容，并实现了图像分类。

任务13介绍了什么是工业质检、芯片划痕质检案例、其他工业质检应用案例等内容，并实现了芯片划痕质检。

教学学时建议：

任　务	动手操作学时	理论学时
任务1　走进人工智能	2	4
任务2　初识PaddlePaddle	2	2
任务3　PaddlePaddle基础知识	2	2
任务4　线性回归——预测程序员月薪	3	1
任务5　卷积神经网络——猫狗分类	3	1
任务6　LeNet之眼疾识别	3	3
任务7　RNN实现谣言检测	3	1
任务8　GRU电影评论情感分析	2	2
任务9　电影系统推荐	3	3
任务10　目标检测——火灾烟雾检测	3	3
任务11　PaddleHub实现桃子分拣	3	3
任务12　使用EasyDL实现图像分类	3	1
任务13　使用EasyDL实现芯片划痕质检	3	3

本书由盛鸿宇、王新强、魏建国编写。由于编者水平有限，书中难免出现疏漏或不足之处，敬请读者批评指正。

编　者

二维码索引

目　录

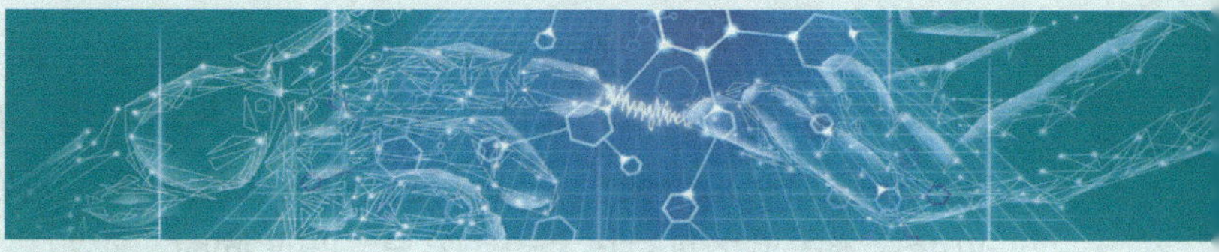

任务 1 走进人工智能

任务目标

知识目标

1）掌握人工智能与深度学习的概念
2）了解人工智能深度学习的使用步骤
3）了解人工智能深度学习的框架
4）掌握人工智能的应用
5）了解人工智能操作平台

技能目标

1）能够了解建立模型、优化模型、选择最优函数的方法
2）能够明白人工智能深度学习框架的应用
3）能够了解各个人工智能操作平台的优势

素质目标

1）能够自己动手使用深度学习框架与人工智能操作平台
2）具有动手意识和团队意识

任务描述

本任务主要对人工智能相关知识进行讲解。通过对人工智能的学习，读者可了解人工智能中深度学习框架的使用，了解人工智能的相关应用及熟悉人工智能操作平台，并通过借用百度 AI Studio 平台体验人工智能项目，从而达到走进人工智能的目的，为后续内容的学习打下基础。

任务准备

在 2022 年北京冬奥会上，百度智能云通过“3D + AI”技术打造出的“同场竞技”系统，将单人比赛项目变成“多人比赛”项目，实现冠军、亚军比赛画面的三维恢复和虚拟叠加，方便观众看到不同选手的实时动作。同时，通过技术手段对运动员动作进行量化分析，将滑行速度、腾空高度、落地远度、旋转角度等一系列运动数据与原始画面叠加起来，使观众可以更直观地从流畅性、完成度、难度、多样性和美观度等多角度看懂选手之间的技术动作差异。与此同时，央视新闻 AI 手语主播也正式上岗，她在冬奥会新闻播报、赛事直播和现场采访中为听障人士送上了实时手语翻译服务。凭借精确的手语翻译引擎，该 AI 手语主播可懂度达 85% 以上，可将冰雪赛事的文字及音视频内容快速精准地转换为手语。人工智能的发展，为本届冬奥会增添了别样的“科技之美”。

1.1 人工智能与深度学习

1. 人工智能概述

自从人工智能在 1956 年的达特茅斯会议被提出以来，已有 60 多年的研究和应用发展历史。人工智能经历了多次大起大落，直到 20 世纪 90 年代后半期，人工智能迎来了第三次兴起。这一阶段，互联网和计算机硬件产业的飞速发展使得支撑人工智能发展的算法、数据、硬件这 3 种核心要素取得了长足的进步。2006 年以来，以深度学习为代表的机器学习算法在机器视觉和语音识别等领域取得了极大的成功，识别准确率大幅提升，使人工智能再次受到学术界和产业界的广泛关注。那么什么是人工智能？

人工智能（Artificial Intelligence，AI）是计算机科学的一个分支，它企图了解智能的本质，并生产出一种新的能以人类智能相似的方式做出反应的智能机器，是研究、开发用于模拟、延伸和扩展人的智能的理论、方法、技术及应用系统的一门新的技术科学。

人工智能通过将大量数据与快速迭代的处理和智能算法结合在一起来工作，从而可以自动从数据的模式或特征中学习。人工智能具有广泛的研究领域，包括许多理论、方法和技术，人工智能研究领域如图 1－1 所示。

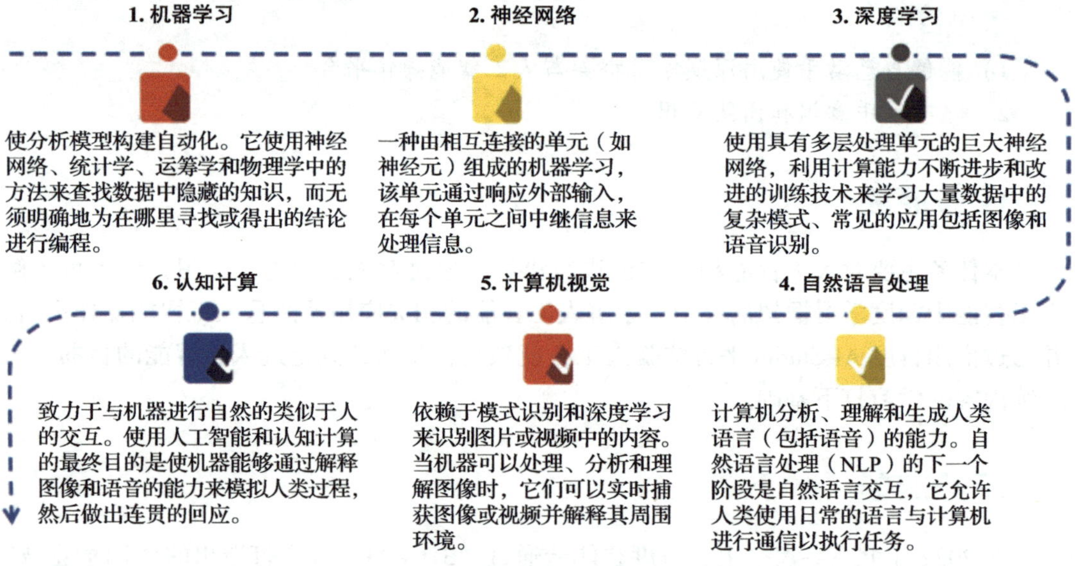

图 1－1　人工智能研究领域

2. 人工智能分类

人工智能作为新一轮产业变革的核心驱动力，在不断催生新技术、新产品的同时，对传统行业也进行了赋能。人工智能是一个很大的概念，种类比较多。根据水平高低，人工智能可以分为弱人工智能、强人工智能和超人工智能。

（1）弱人工智能　弱人工智能是一种擅长执行特定类型任务的人工智能，能够单独完成某个特定的任务，主要为了解决特定的具体问题而存在，如语音识别、图像识别、工业操作等。图 1－2 所示为码垛机器人，这是一种对纸箱、袋装、罐装等各种形状的成品进行包装、搬运及整齐有序摆放的工业机器人。

图 1－2　码垛机器人

（2）强人工智能　强人工智能实现的功能与人类似，比如能够进行思考、计划、解决问题、理解复杂的概念，能够快速学习。换句话说，强人工智能包括语言、学习、认知、推理和创造的能力，机器可以与人类一样具有独立思考和决策的能力。但强人工智能的产品相对弱人工智能的产品并不多见，主要体现在与人工智能相关的科幻电影中。

（3）超人工智能　超人工智能是在所有领域（如科学创新、社交技能等领域）都比人类大脑聪明的智能。相信在超人工智能阶段，人工智能的计算能力和思维能力已经达到人类不可理解和想象的地步，将打破人脑受到的维度限制，此时，人工智能将形成一个新的社会文明。

3. 深度学习概述

深度学习是人工智能和机器学习的一种，是一种模仿人类获得某种类型知识的方式，也是利用深度神经网络来解决特征表达的一种学习过程。深度学习是数据科学的一项重要元素，主要包括统计和模型预测。除此之外，深度学习也可以被视为一种自动化预测分析工具，通过对机器学习中的算法进行调用，从而优化模型和预测模型，实现自动化预测分析。

深度学习是一种模拟人脑进行分析的神经网络，可对大量的数据进行解释分析，比如图像、声音、文本等。在这个过程中用到的深度神经网络并不是一个全新的概念，而是一个包含多个隐藏层的神经网络结构，层次中的每个算法都对其输入应用进行非线性变换，并使用学习的知识创建统计模型来作为输出。

在人工智能领域，机器主要通过大量的训练数据进行训练，程序通过不断的训练进行自我学习，修正出对应的模型（该模型主要由参数组成），如“用户画像”“人脸”等。这个过程一般采用机器学习的子集（深度学习）来完成，也可以说，实现人工智能最有效的工具就是深度学习。

1.2 人工智能深度学习的使用步骤

深度学习在人工智能领域非常重要，开启了人工智能新时代。任何行业都害怕错过这一时代浪潮，大批资金和人才争相涌入，使得更多的人愿意去接触和学习此技术。随着对深度学习的研究，关于网络神经结构的论文如雨后春笋般涌现。那么如何学好深度学习？答案是需要掌握深度学习的使用步骤。

深度学习的使用步骤如下：

第一步：建立模型。通过建立模型，决定选择什么样的网络结构，网络结构中包含多少层和每层包含多少个神经元。

第二步：优化模型。主要通过一些常用的损失函数对模型进行评估。优化模型。

第三步：选择最优函数。通过调整学习参数，调整学习率，使用梯度下降或者反向传播算法来选择最优函数。

1. 建立模型

（1）神经元　在深度学习中，主要通过神经网络来建立模型，常用的有卷积神经网络、循环神经网络等。这些神经网络由很多单元连接而成，这些单元称为神经元。

神经网络类似人类的神经细胞，人类的神经细胞如图 1 - 3 所示，电信号在神经元中传递信息。

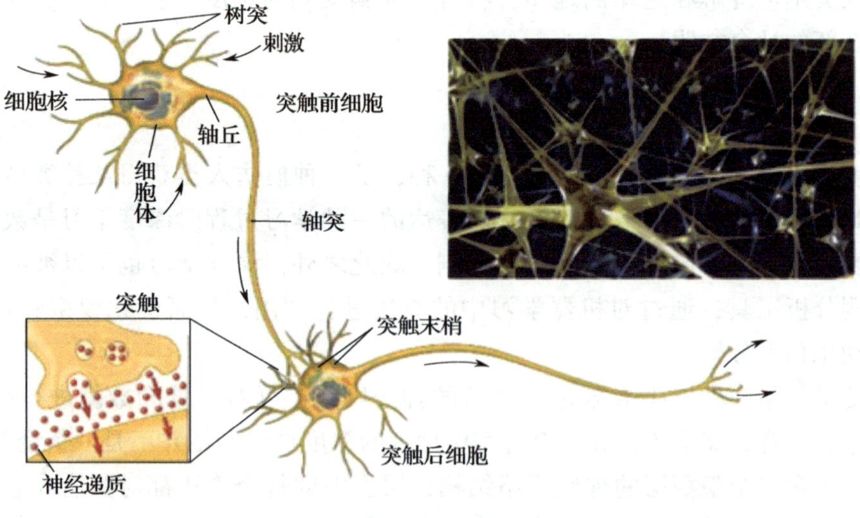

图 1 - 3　人类的神经细胞

一个神经元相当于一个逻辑回归函数，每个逻辑回归函数都有自己的权重和偏置。图 1 - 4 所示是一个简单的线性回归函数，每个输入都乘以对应的权重，将结果进行求和，之后将和与偏置代入激活函数，从而得到想要的结果。

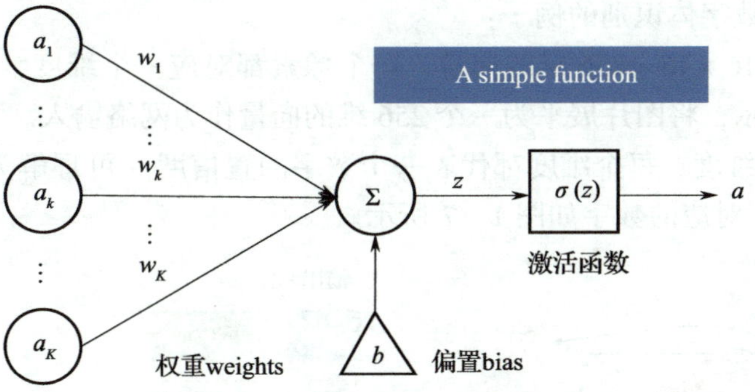

图 1-4　简单的线性回归函数

（2）前馈神经网络　前馈神经网络是一种最简单的神经网络，神经元分层排列，并与前一层的神经元相连，值在网络中传递的方向是由前向后，换句话说，就是由输入层传向输出层。图 1-5 所示为一个前馈神经网络示例，该图为一个 4 层的全连接神经网络，每层有两个神经元，每个神经元的激活函数都是 sigmoid。

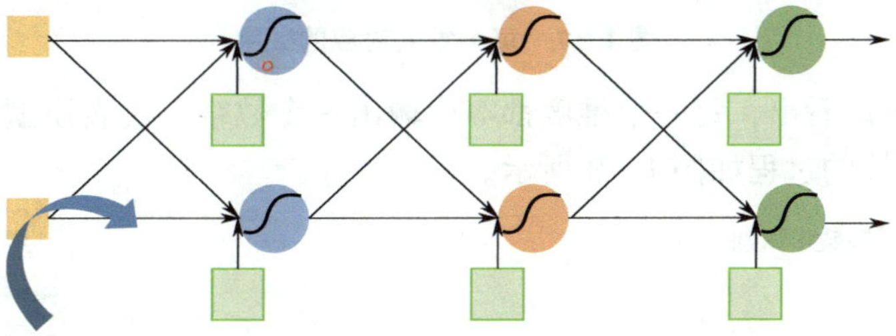

图 1-5　前馈神经网络示例

图 1-5 组成的神经网络结构模型如图 1-6 所示，包含 3 层，输入层、隐藏层和输出层。在网络的输入层中，Layer 的大小与真实输入大小相匹配；隐藏层位于输入层和输出层中间，一个神经网络模型包含多个隐藏层；输出层是网络的最后一层，神经元计算产生的结果直接输出，作为模型的输出。

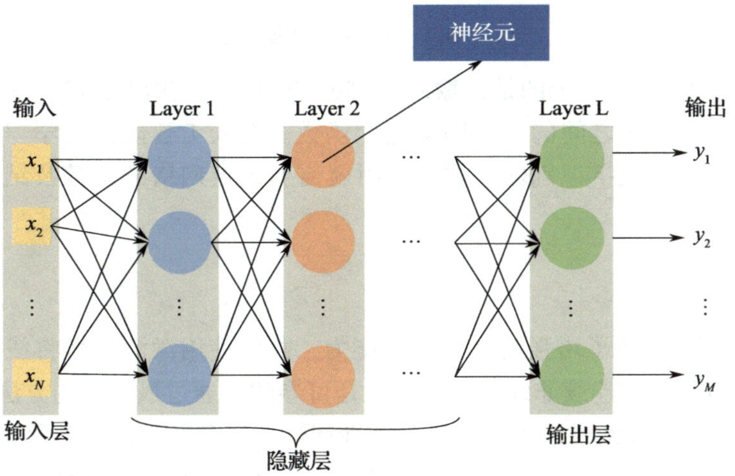

图 1-6　图 1-5 组成的神经网络结构模型

举一个手写数字体识别的例子：

输入：一个 16×16=256 维的向量，每个像素都对应一个维度，有颜色用 1 表示，没有颜色用 0 表示，将图片展平为一个 256 维的向量作为网络输入。

输出：10 个维度，每个维度都代表一个数字的置信度（可理解为该数字的概率有多大）。每个维度对应的数字如图 1－7 所示。

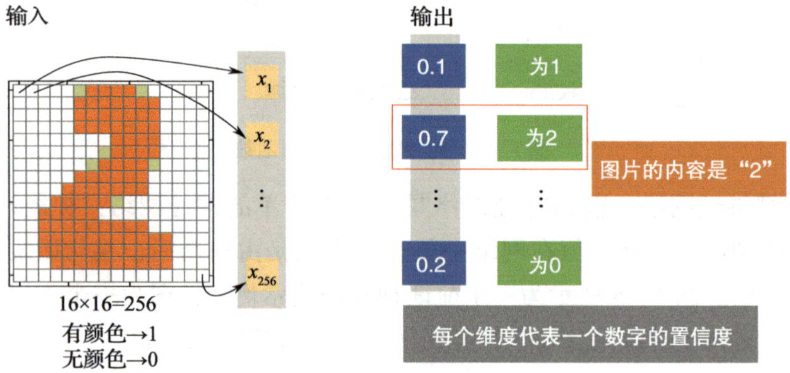

图 1－7　每个维度对应的数字

从图 1－7 可以看出，每一个维度都对应输出一个数字，代表模型输出为当前分类数字的概率。推算的过程如图 1－8 所示。

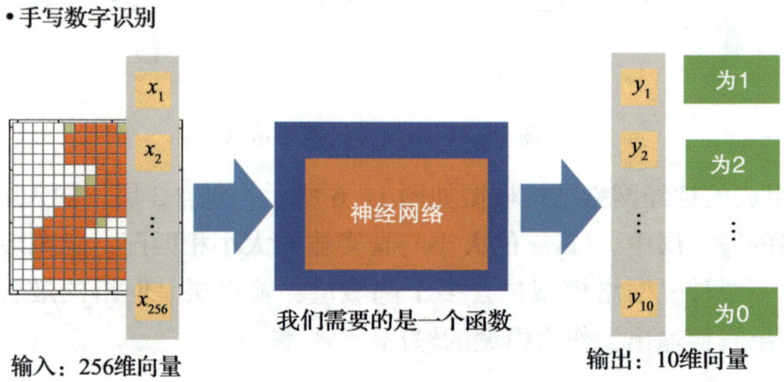

图 1－8　推算过程

在图 1－8 中，唯一确定的是，输入是 256 维的向量，输出是 10 维的向量，需要找的函数就是输入和输出之间的神经网络这个函数。在人工智能深度学习中，可以构建神经网络模型来解决数字识别的问题，此时就需要确定网络的层数及结构。神经网络结构如图 1－9 所示。

2. 优化模型

（1）激活函数　为了增强网络的表达能力，需要使用激活函数将线性函数转换成非线性函数，其原因是连续非线性激活函数是可导的，通过最优化的方法进行求解。优秀的激活函数应满足非线性、可微性、单调性和近似恒等性。在深度学习模型中，常用的激活函数有 sigmoid( )、tanh( )、ReLU( )和 softplus( )。激活函数介绍如表 1－1 所示。

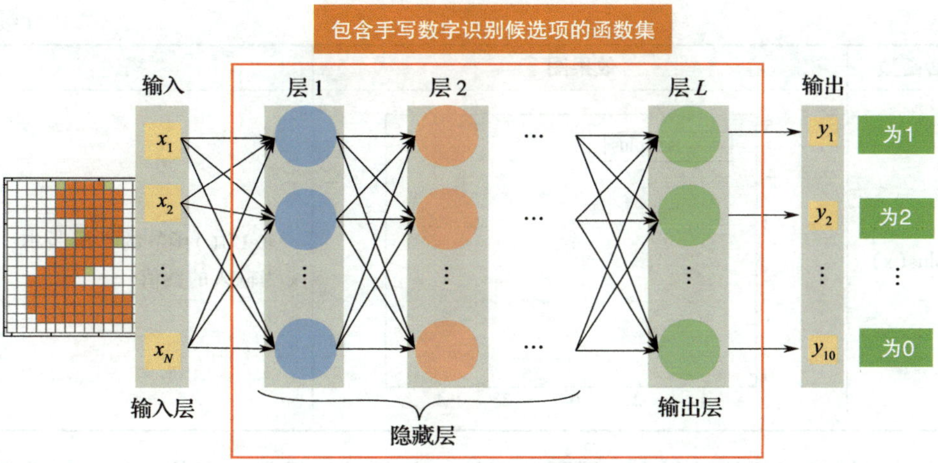

用户需要决定网络结构，以便在功能集中实现良好的功能。

图 1－9　神经网络结构

表 1－1　激活函数介绍

激活函数	效果图	描述
sigmoid(x)	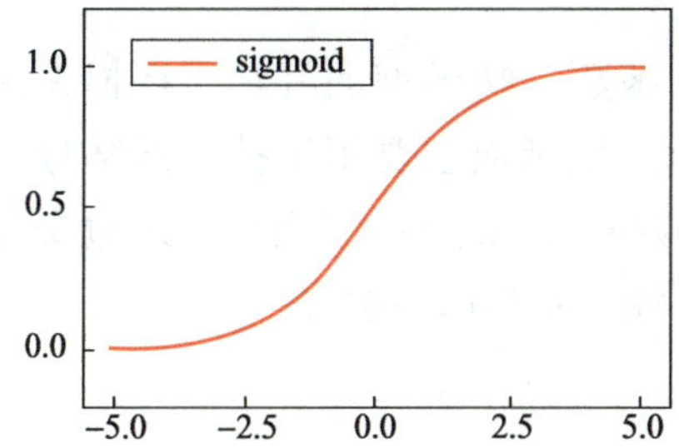	神经元的非线性作用函数，把数据归一化，有利于训练，产生结果，参数 x 为输入的数值
tanh(x)	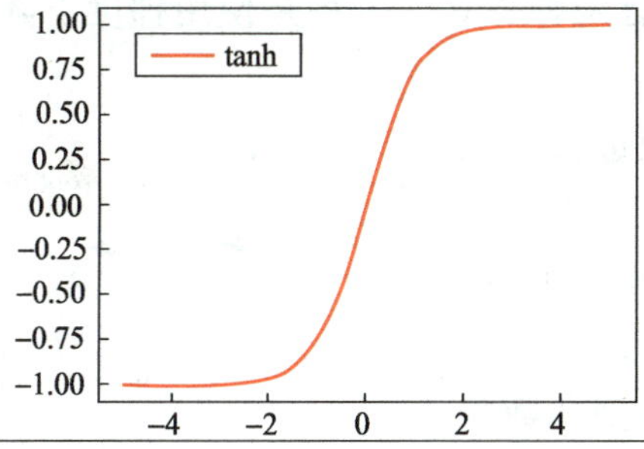	双曲正切函数，与 sigmoid() 非常接近，主要区别在于值域的不同，参数 x 为输入的数值
ReLU(x)	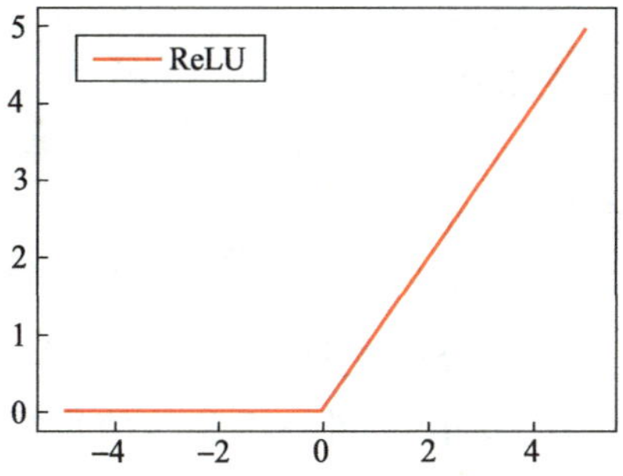	无界函数，归一化识别高频特征，通常用于卷积神经网络，参数 x 为输入的数值

（续）

激活函数	效果图	描述
softplus(x)	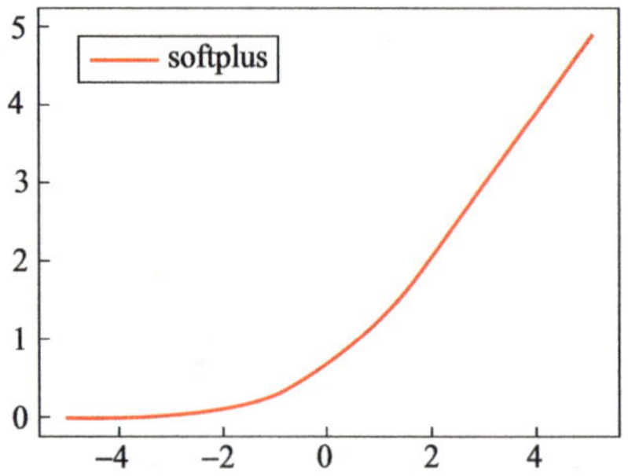	ReLU()函数的平滑版本，参数x为输入的数值

在使用激活函数的过程中，需要注意输出的值。如果是有限值，那么权重对特征的影响会比较显著，用梯度下降的方法更新参数会更稳定；如果是无限值，那么参数的初始值对模型的影响会比较大，需要使用更小的学习率。

（2）损失函数　损失函数（Loss Function）是机器学习中评估神经网络模型效果的一种重要指标。它用于评估模型输出值与目标值的差异。损失函数越小，模型的鲁棒性就越好。

对于模型的评估，一般使用损失函数反映模型的好坏。在损失函数中，使用最多的是交叉熵损失函数（Cross Entropy）。该函数主要用于神经网络分类问题，交叉熵会计算每个类别的概率，经常与激活函数 sigmoid()一起出现，通过交叉熵对 y 及 y 的导数损失进行计算，之后调整参数，使得交叉熵越小越好。

3. 选择最优函数

在网络模型中，选择最优函数有两种方式，一种是使用梯度下降法，另一种是使用反向传播算法。

（1）梯度下降法　在网络模型进行参数学习的过程中，当隐藏层过多且网络参数个数过大时，是无法枚举出所有可能取值的，需要寻找模型参数，使得损失值达到最小，这时就需要使用梯度下降法进行模型参数的寻找。图 1－10 所示为语音识别模型，该模型共 8 层，每层有 1000 个神经元，那么权重参数就是一个非常庞大的数据。

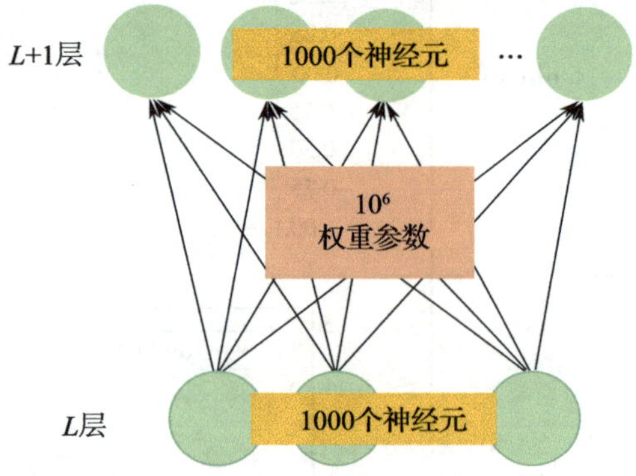

图 1－10　语音识别模型

梯度下降法的具体流程是在包含权重和偏差的参数集合中随机找一个初始值，计算每个参数对应的偏微分，得到的偏微分的集合就是梯度。有了这些偏微分，可以更新梯度得到新的参数，这样不断反复进行，就能得到一组参数使得损失函数的值最小。

梯度下降法的具体流程如图 1－11 所示。

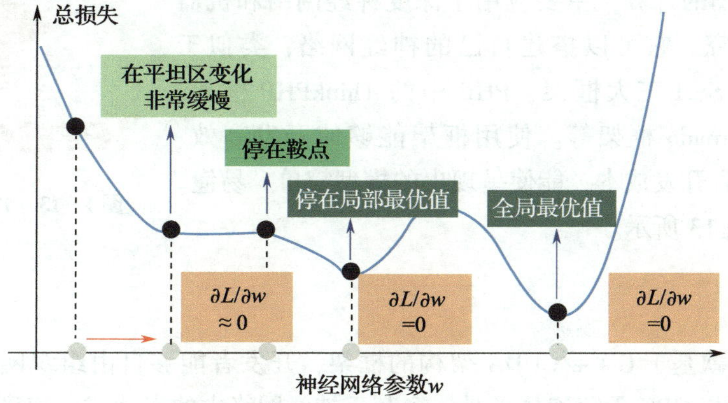

图 1－11　梯度下降法的具体流程

（2）反向传播算法　在神经网络训练中，可以使用反向传播算法将计算得到的损失向前传递，用来计算各个神经元连接的权重对损失的影响大小。反向传播算法，简称 BP 算法，是在梯度下降法的基础上用于多层神经元网络的一种学习算法，主要使用激活传播和权重更新两个环节达到反复循环迭代的效果，从而使网络对输入的响应达到预定的目标范围。在深度学习中，可以使用深度学习框架来计算损失值。

1.3 人工智能深度学习框架

常见的深度学习框架有 PaddlePaddle、TensorFlow、Caffe、Keras、Theano、PyTorch、MXNet 等。这些深度学习框架被应用于计算机视觉、语音识别、自然语言处理与生物信息学等领域，并获取了极好的效果。深度学习框架在使用过程中具有两个优势，分别为易用性和高效性。

- 易用性：主要体现在屏蔽底层的机器学习算法，用户只需要关注模型的结构即可，简化了计算过程，降低了深度学习的门槛。
- 高效性：深度学习具有高效性，可以将代码运行在 CPU 或者 GPU 上。

1. PaddlePaddle

PaddlePaddle 也称飞桨，是百度提供的国内首个开源的深度学习框架，拥有技术领先、功能完备的产业级深度学习平台。PaddlePaddle 除了具有其他深度学习框架的性能，还提升了框架对模型的表达能力。其标识如图 1－12 所示。

图 1－12　飞桨标识

2. TensorFlow

TensorFlow 是深度学习的重要框架，是使用数据流图进行数值计算的开源软件库，是谷歌基于 DistBelief 进行研发的第二代人工智能学习系统。其名称来源于本身的运行原理。Tensor（张量）意味着 N 维数组，Flow（流）意味着基于数据流图的计算，主要应用于深度神经网络和机器学习方面的研究。它可以搭建自己的神经网络，类似于 Java 开发中的 SSH 三大框架、PHP 中的 ThinkPHP 框架、Python 中的 Tornado 框架等。使用框架能够使开发高效、省时，能够节省开发成本，能使呈现出的模型简单、易懂。其标识如图 1－13 所示。

图 1－13　TensorFlow 标识

3. Caffe

Caffe 是一款基于 C＋＋/CUDA 架构的框架，开发者能够自由组织网格，在运算上能够支持 CPU 与 GPU 无缝连接，是一个基于神经网络中的表达式、速度及模块化产生的深度学习框架。其标识如图 1－14 所示。

4. Keras

Keras 是一个用 Python 编写的极其简单并高度模块化的神经网络库，可在 TensorFlow、CNTK 或 Theano 上运行，能够支持 CPU 与 GPU 运算，具有用户友好、模块化、易扩展性等优点，同时没有特定格式的单独配置文件，定义在 Python 代码中。其标识如图 1－15 所示。

图 1－14　Caffe 标识

图 1－15　Keras 标识

1.4 人工智能的应用

1. 计算机视觉处理

计算机视觉指计算机从图像中识别出物体、场景和活动的能力，包括图像处理、识别检测、分析理解等技术。

（1）人脸识别　人脸识别在消费支付、安防、娱乐、交通出行等场所有重要作用。在消费支付中，刷脸消费可带来极大便利；在安防场所中，人脸识别身份认证已经得到广泛应用；在娱乐场所中，基于人脸识别的相机自动对焦、自动美颜，几乎成为自拍软件的必备功能。

人工智能的人脸识别技术还可以为居民提供个性化的开关门服务。居民只要预先去物业办理人脸信息登记即可，当他们经过摄像头区域时会被自动抓拍，比对成功，门即可自动开启，不需要额外携带钥匙或门禁卡。人脸识别开门非常快，不到 1s 就能够识别完成。当家庭有新增人员入住时，只需要到物业办理人脸信息登记即可，不必支付办卡费用。人脸识别技术支持 1:N 匹配，支持多角度识别，不受发型、妆容、眼镜的影响，因此即使人改变发型，或者换了一副眼镜，也不需要担心无法进门，也无须重新去物业登记，如图 1－16 所示。

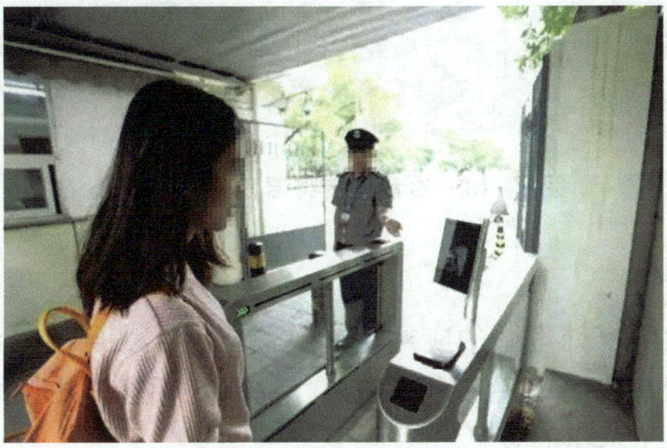

图 1－16　人工智能刷脸门禁

（2）光学字符识别　光学字符识别（Optical Character Recognition，OCR）是通过扫描等光学输入方式将各种票据、报刊、书籍、文稿及其他印刷品的文字转换为图像信息，再利用文字识别技术将图像信息转换为可以使用的文本的计算机输入技术。目前，光学字符识别有着更加广阔的应用前景，如证件识别、银行卡识别、通用文字字符识别等。银行卡识别如图 1－17 所示。

图 1－17　银行卡识别

2. 语音识别

工业界和学术界掀起的深度学习浪潮在语音识别领域取得了巨大的成功。RNN 模型充分考虑了语音之间的相互关系，因此取得了更好的效果。深度学习在语音识别中的作用很大一部分表现在特征提取上，可以将其看成一个更复杂的特征提取器。当然，深度学习的作用不仅仅是特征提取，还有基于深度学习的端到端的解决方案。

目前，语音识别被广泛应用，如图 1－18 所示。社交聊天可发送实时语音，并将其转换为文字，让沟通交流更加准确、快捷；使用语音输入法，可将所输入文字直接用语音的方式输入，让输入法更加便捷；对于语音搜索，搜索内容可直接以语音的方式输入，让搜索更加高效。

图 1－18　语音识别将语音转换为信息

3. 自然语言处理

深度学习在自然语言处理中的应用越来越广泛，从底层的分词、语言模型、句法分析等到高层的对话管理、知识问答、聊天、机器翻译等，几乎全部都有深度学习模型的身影，并且取得了不错的效果。

4. 自动驾驶

自动驾驶（见图 1－19）也是这几年逐渐应用深度学习进行开发的一个重要领域。自动驾驶的人工智能包含了感知、决策、控制等流程和模块。感知是指通过摄像头、激光雷达等传感器的输入，解析出周围环境的信息，如有哪些障碍物、障碍物的速度和距离、道路的宽度和曲率等。决策是根据感知信息判断如何进行下一步的行进规划。控制是将决策信息作用于实车。自动驾驶还包含很多细分子问题，如道路与车道线的检测、前车检测、行人检测和防撞系统，以及 End to End 的自动驾驶模型等。

图 1－19　自动驾驶

1.5 AI 操作平台

1. 百度 AI Studio

AI Studio 是百度 AI 推出的一站式开发平台，包含 AI 教程、代码环境、算法算力、数据集，是提供免费在线云计算的一体化编程平台。在平台开发过程中强化了工程项目的概念，其平台包含具有大量真实场景的工程项目，具有云端集成、简单易用、运行高效、资源免费等特点，如图 1－20 所示。

图 1－20 AI Studio 特点

打开 AI Studio 平台官网，会发现包含“项目”“数据集”“课程”“比赛”“认证”“更多”选项，如图 1－21 所示。

图 1－21 AI Studio 官网

官网首页包含新手引导、AI 学习地图、飞桨产业实践范例库、直播日历、个人综合信息及学习的相关课程。相关精品内容推荐分为 3 类，有入门类、进阶类和高级类。

“数据集”包含 MNIST、IMDB、CIFAR10、PennTreebank、MovieLens 等一些经典的公开数据集，也包括一些开放的百度数据（中文短文本语料、信息抽取数据）。同时，用户也可以上传自定义数据进行模型开发。

“课程”包含计算机视觉、自然语言处理、推荐系统、前端前沿技术等课程。这些课程按照预备知识、基础入门、实战进阶等进行了层次划分并建议了学时，如图 1－22 所示。

图 1－22　百度 AI Studio 学习课程

“比赛”中包含了飞桨大赛、飞桨常规赛、新人练习赛和千言数据集评测等部分，如图 1－23 所示。AI Studio 提供云端训练平台，为参与者提供相对平衡的工具库，能够更公平地进行竞赛。

图 1－23　百度举办的比赛

“认证”包含深度学习工程师认证和企业联合认证两部分，通过认证初级工程师、中级工程师或高级工程师来达到企业任职的标准。

2. 华为云 ModelArts

华为云是一个综合的云平台，在平台中包含云服务器、相关的解决方案、云市场等相关的内容，同时包含 ModelArts（面向开发者的一站式 AI 平台）。ModelArts 平台需要进行相关用户注册，主要为用户提供机器学习和深度学习方面的资料。同时，该平台可以提供数据预处理、交互式智能标注、大规模分布式训练、自动化模型生成、云端部署等功能。

华为云官网如图 1－24 所示。

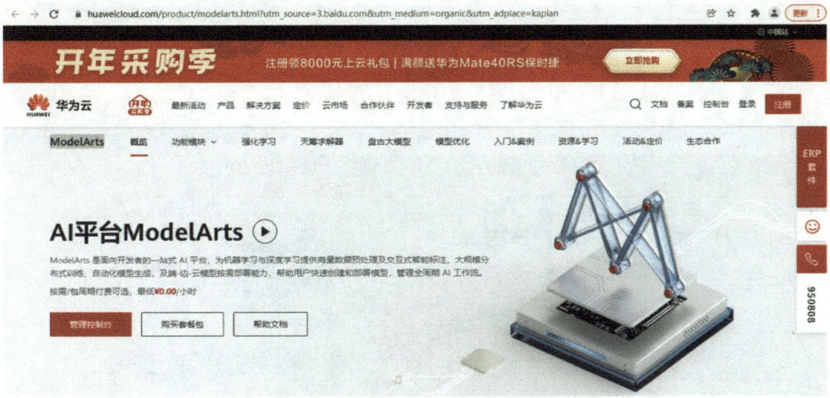

图 1－24　华为云官网

3. 腾讯云 TI 平台

腾讯云 TI 平台主要用于深度学习，帮助用户实现数据获取、数据处理、算法构建、模型训练、模型评估、模型部署等一站式服务，包含拖拽式任务流、全自动建模、多实例调度、多种学习框架、丰富算法支持、便捷的效果可视化、模型训练的完整闭环、交互式建模、灵活的资源调度等特性，如图 1－25 所示。

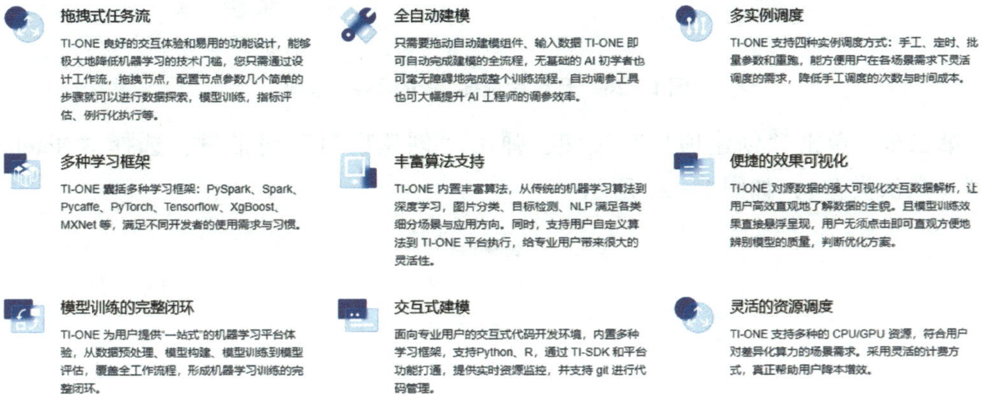

图 1－25　腾讯云 TI 平台特性

任务实施

任务背景

服务器在线训练环境和硬件配备对于新手来说还是比较麻烦的，即使使用 Docker 对使用者也还是有一定的门槛要求，为此百度免费开放了 Web 在线开发平台 AI Studio 供新手使用。本任务通过创建百度账号并进入项目编辑页来体验百度 AI Studio 平台。

体验 AI Studio 平台

实验思路

任务步骤

第一步：打开百度 AI Studio 网站，使用百度账号或者 Github 账号进行登录（如果没有账号，可自行注册）。登录之后，选择“我的项目”选项，如图 1－26 所示。

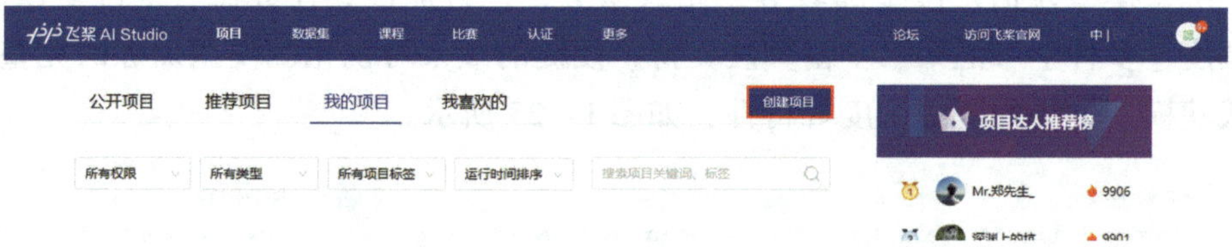

图 1－26　登录后选择“我的项目”选项

第二步：单击“创建项目”按钮，弹出“创建项目”对话框，选择“Notebook”类型（默认类型），如图 1－27 所示。

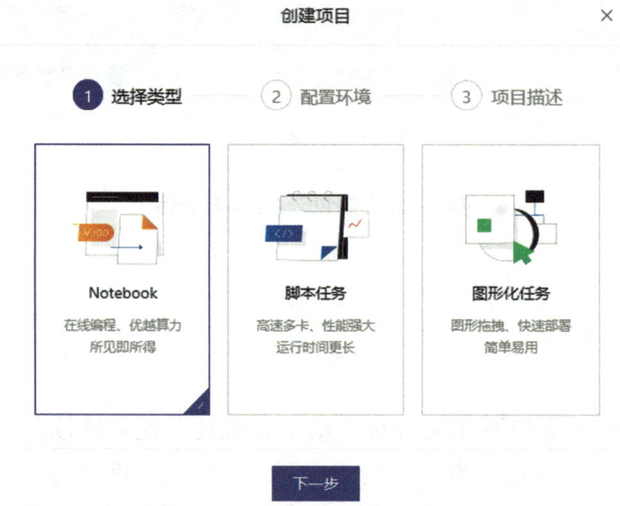

图 1－27　选择项目类型

第三步：单击“下一步”按钮，在打开的界面中选择配置环境，此处使用默认环境，如图 1－28 所示。

图 1－28　配置项目环境

第四步：单击“下一步”按钮，在打开的界面中输入项目名称，选择项目标签，输入项目描述，选择添加系统中的数据集或是创建数据集，如图 1－29 所示。

图 1－29　输入项目各参数

第五步：单击“创建”按钮之后，会弹出“项目已创建成功，是否查看项目详情”提示框，如图 1－30 所示。单击“查看”按钮，即可进入项目详情概述界面，如图 1－31 所示。

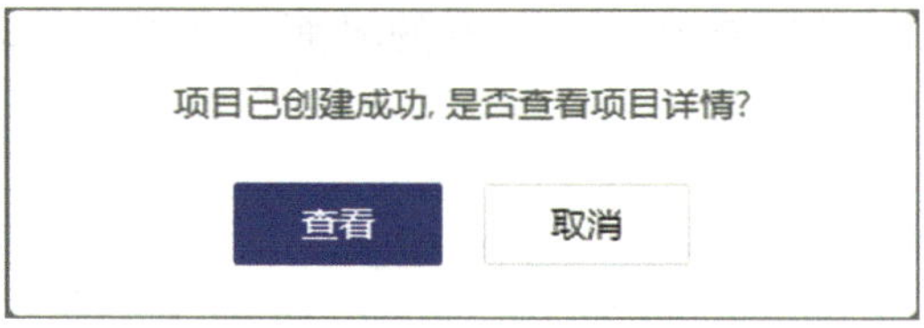

图 1－30　项目创建完成后弹出的提示框

图 1－31　项目详情概述界面

第六步：单击“启动环境”按钮，弹出“选择运行环境”对话框，选择“基础版（免费使用）”选项即可，如图 1－32 所示。

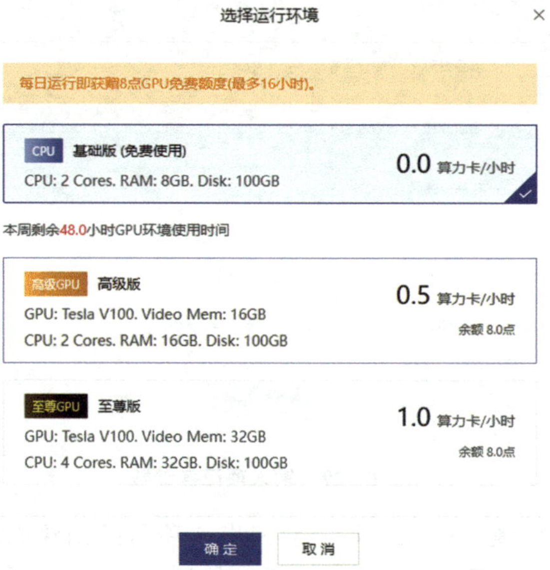

图 1－32　选择运行环境

第七步：单击“确定”按钮，进入项目编辑界面，此时即可在界面中编写代码并运行，如图 1-33 所示。

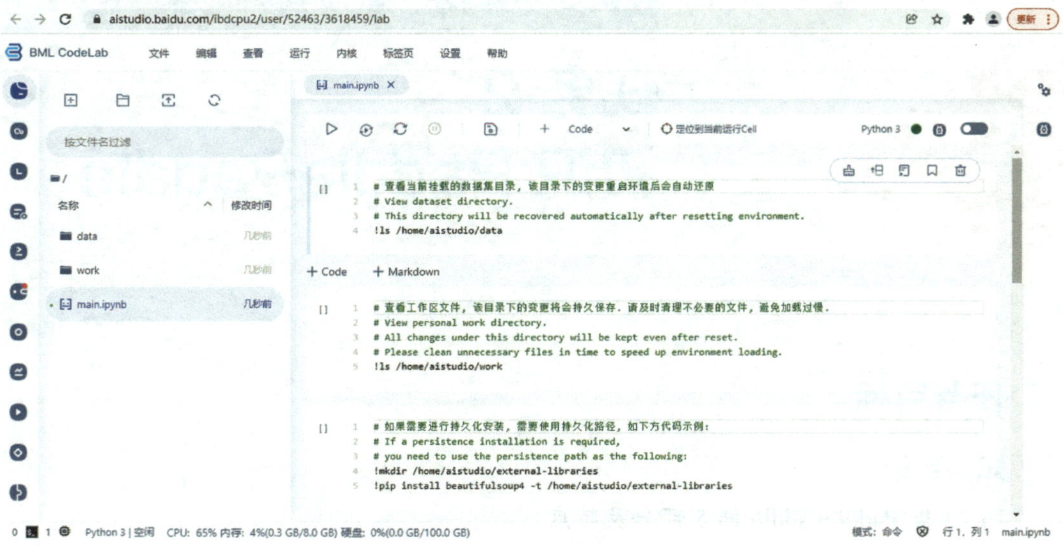

图 1-33　项目编辑界面

任务小结

通过本任务的学习，读者能够了解人工智能的分类与概述，能够建立一些简单的模型并进行优化，能够通过百度 AI Studio 操作平台来实现简单的小案例。同时还能了解深度学习的基础知识，以及人工智能在如今情况下的各种应用场景。本任务作为人工智能的引入内容，希望可以提升读者对人工智能的兴趣。

任务评价

学习本任务后，查看自己是否掌握了以下技能，在技能检测表中标出已掌握的技能。

评价标准	自我评价（0~10 分）	小组评价（0~10 分）	教师评价（0~10 分）
是否熟悉人工智能分类			
是否掌握了人工智能深度学习的使用步骤			
是否了解各个深度学习框架的优势			
是否能够建立简单的人工智能模型			
是否熟悉各个操作平台的使用方法			

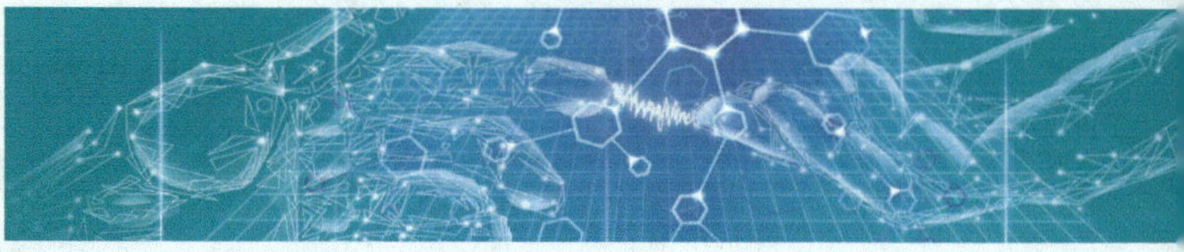

任务 2 初识 PaddlePaddle

任务目标

知识目标

1）了解 PaddlePaddle 的 5 部分及特点
2）了解 PaddlePaddle 在行业内的应用
3）掌握 PaddlePaddle 环境搭建方法
4）熟悉 PaddlePaddle 的高层 API 的特点

技能目标

1）能够完成各操作系统的 PaddlePaddle 环境搭建
2）能够使用 PaddlePaddle 框架完成出租车价格计算

素质目标

1）能够使用 PaddlePaddle 框架实现第一个机器学习程序
2）具有动手意识和团队意识

任务描述

从 2010 年开始，百度开始全面布局人工智能技术。2016 年，百度正式将 PaddlePaddle 开源，把人工智能技术分享给了广大开发者。本任务通过使用 PaddlePaddle 框架实现出租车价格计算，介绍了机器学习的分类和卷积神经网络模型，并使读者能够熟练搭建 PaddlePaddle 框架。

任务准备

PaddlePaddle 依托于百度多年的深度学习技术研究和业务应用，是国内第一个自主研发、功能非常完备、向开发者全面开源开放的产业级深度学习平台。

2.1 PaddlePaddle 简介

PaddlePaddle 也称飞桨，是百度研发的一款技术领先、功能完备的产业级深度学习开源开放平台，包含深度学习核心框架、基础模型库、端到端开发套件、工具组件和服务平台 5 部分，其中：

- 核心框架包含动态图和静态图的开发、大规模分布式训练和工业级数据处理，以及相关框架模型的部署。
- 基础模型库包含 PaddlePaddle 衍生出来的 PaddleNLP、PaddleCV、PaddleRec 和 PaddleSpeech 等。
- 端到端开发套件包含语义理解、目标检测、图像分割、点击率预估等内容。
- 工具组件包含自动化深度学习、迁移学习、强化学习、多任务学习、联邦学习、图神经网络、弹性深度学习计算、训练可视化工具等。
- 服务平台包含一站式定制高精度 AI 模型、AI 开发实训平台和端计算模型生成平台等。

PaddlePaddle 框架结构如图 2－1 所示。

<table>
<tr><td>服务平台</td><td colspan="3">EasyDL
一站式定制高精度AI模型</td><td colspan="2">AI Studio
AI开发实训平台</td><td colspan="3">EasyEdge
端计算模型生成平台</td></tr>
<tr><td>工具组件</td><td>AutoDL
自动化
深度学习</td><td>Paddle Hub
迁移学习</td><td>PARL
强化学习</td><td>PALM
多任务学习</td><td>PaddleFL
联邦学习</td><td>PGL
图神经
网络</td><td>EDL
弹性深度
学习计算</td><td>VisualDL
训练
可视化工具</td></tr>
<tr><td>端到端
开发套件</td><td colspan="2">ERNIE语义理解</td><td colspan="2">PaddleDetection
目标检测</td><td colspan="2">PaddleSeg
图像分割</td><td colspan="2">ElasticCTR
点击率预估</td></tr>
<tr><td>基础模型库</td><td colspan="2">PaddleNLP</td><td colspan="2">PaddleCV</td><td colspan="2">PaddleRec</td><td colspan="2">PaddleSpeech</td></tr>
<tr><td rowspan="3">核心框架</td><td colspan="2">开发</td><td colspan="2">训练</td><td colspan="4">部署</td></tr>
<tr><td rowspan="2">动态图</td><td rowspan="2">静态图</td><td rowspan="2">大规模分
布式训练</td><td rowspan="2">工业级
数据处理</td><td colspan="2">PaddleServing</td><td colspan="2">PaddleLite</td></tr>
<tr><td colspan="2">PaddleSlim</td><td colspan="2">安全与加密</td></tr>
</table>

图 2－1 PaddlePaddle 框架结构

PaddlePaddle 是源于产业实践的开源深度平台。相比国内外其他开源深度学习框架，PaddlePaddle 具有以下几个特点：

- 能够支持动态图和静态图运行模式，此特点和 TensorFlow 类似。
- 能够根据实际业务需求，提供最佳的官方模型。
- 基于百度平台，具有输出超强的大规模并行深度学习的能力。
- 能够支持端到端的开发。
- 官方文档详细，秉承用户至上的理念，提供系统化技术服务与支持。
- 具有便捷的开发接口，支持声明式和命令式编程，在开发过程中具有灵活性和高性能。

- 支持产业及超大规模深度学习模型的训练，支持千亿特征、万亿参数、数百节点的开源大规模训练。
- 覆盖多领域产业及开源模型库。

2.2 PaddlePaddle 行业应用

PaddlePaddle 是源于产业实践的开源深度学习平台，其建立初衷是助力产业智能化，致力于让深度学习技术的创新与应用更简单，这些都基于开发便捷的产业级深度学习框架、支持超大规模深度学习模型的训练、多端多平台部署的高性能推理引擎，以及面向产业应用、开源开放覆盖多领域的工业级模型库。

PaddlePaddle 与合作伙伴一起帮助越来越多的行业完成 AI 能力赋能，涉及农业、林业、工业、零售业、人力、智能制造、石油、通信、地产、汽车等多个行业领域。

1. 百度内部行业应用

PaddlePaddle 已在百度多项主要产品和服务之中发挥着巨大的作用，比如百度外卖精准的预估出餐时间，百度搜索引擎精准推荐用户所需信息，百度翻译提供多个语种文本互译、实时翻译等功能来提升用户体验，百度卫士的病毒和垃圾信息检测，百度 Apollo 的自动驾驶，百度图片对海量图片的识别、分类、处理等，如图 2 – 2 所示。

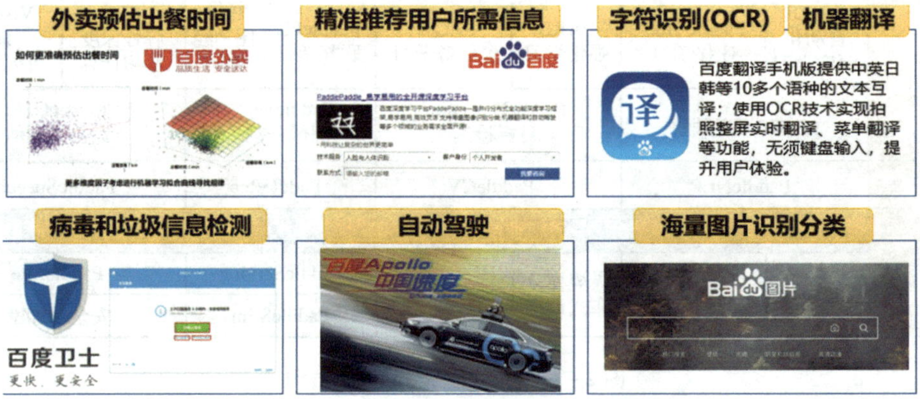

图 2 – 2　PaddlePaddle 在百度内部行业的应用

2. 高尔夫球场的遥感检测

随着高尔夫球的兴起，针对高尔夫球场大量占用土地资源、污染环境、耗水量大的问题，中科院遥感与地球研究所应用 PaddlePaddle 基于遥感数据进行语义分割，从而达到对高尔夫球场的识别，辅助国家对国土资源进行有效管控。PaddlePaddle 使用卷积神经网络模型对高尔夫球场用地进行检测，对发现新增高尔夫球场、核查清理整治效果具有重要意义。图 2 – 3 所示为高尔夫球场检测结果图。

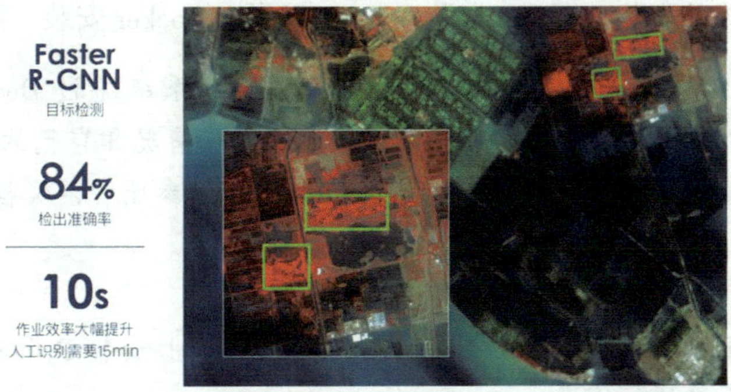

图 2-3 使用 PaddlePaddle 检测高尔夫球场结果图

3. AI 识虫

PaddlePaddle 与北京林业大学合作的“AI 识虫”能够远程检测病虫害，效率可提升 50 倍，准确率超过 90%。“AI 识虫”主要解决智能感知实验室遇到的两大难题。一是虫子太小，辨别难度大，基层工作人员一般不会鉴别。二是林区面积大、地形复杂。使用 PaddlePaddle 进行蠹虫识别的步骤为：数据采集→基础模型蠹虫图片训练识虫模型→利用工具集将模型翻译转换→部署到 PaddlePi - K210 芯片板卡→识虫设备集成。最终对蠹虫的识别效果如图 2-4 所示。

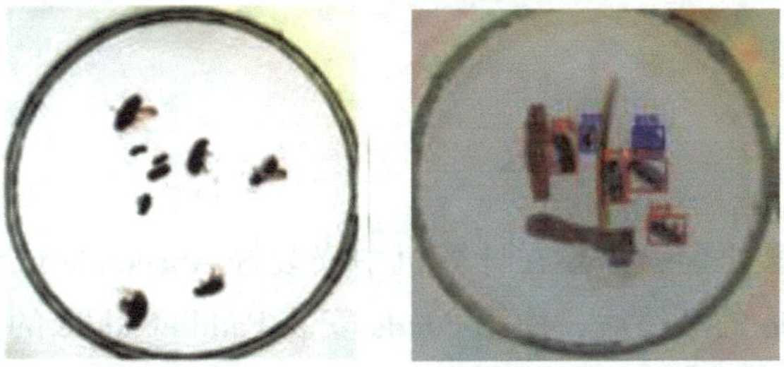

图 2-4 使用 PaddlePaddle 进行蠹虫识别的效果

4. 其他应用

应用 PaddlePaddle 研发的智能零件质检机，对单个零件的检测时间只需 25ms，检测效率大幅提升，企业成本降低 15% 以上。PaddlePaddle 与南方电网广东能源技术公司联合研发的电网智能巡检解决方案，设备状态读取准确性高达 99.01%，电网设备人工巡检工作量降低 90%。事实上，随着 PaddlePaddle 赋能行业进程的加快，小到智能桃子分拣机、零件质检，大到城市规划、病虫害检测、无人驾驶、预防性医疗保健等众多行业，均实现了落地应用。

2.3 PaddlePaddle 环境搭建

PaddlePaddle 支持 4 种常见的系统安装，分别为 Ubuntu、CentOS、MacOS 和 Windows，

同时支持4种形式的安装，即pip安装、conda安装、Docker安装、源码编译安装。

注意：目前PaddlePaddle官网尚不支持Windows系统通过Docker安装。在安装PaddlePaddle的过程中，读者可根据自己计算机的配置情况和自己的使用习惯任选一种安装方式。这里只粗略讲解安装步骤，详细安装说明可参照官网文档。

1. pip安装

在使用pip安装PaddlePaddle之前，需要在计算机上安装Python软件与pip工具，之后运行下面的命令进行安装。

```
python -m pip install paddlepaddle==2.2.2
```

使用pip install paddlepaddle命令安装的过程会比较慢，一般推荐使用清华镜像或百度镜像源进行安装，命令如下：

```
python -m pip install paddlepaddle==2.2.2 -i https://mirror.tuna.tsinghua.edu.cn/simple
```

或

```
python -m pip install paddlepaddle==2.2.2 -i https://mirror.baidu.com/pypi/simple
```

2. conda安装

在使用conda安装之前，需要在计算机中安装好Anaconda或者miniconda。在进入需要安装PaddlePaddle的环境后，使用conda安装PaddlePaddle的命令如下：

```
conda install paddlepaddle==2.2.2 --channel
https://mirrors.tuna.tsinghua.edu.cn/anaconda/cloud/Paddle/
```

3. Docker安装

在使用Docker安装PaddlePaddle时，需要在自己的计算机上安装Docker。以Linux系统安装为例，安装好Docker后，在终端中输入以下命令拉取CPU版本的PaddlePaddle官方镜像。

```
docker pull registry.baidubce.com/paddlepaddle/paddle:2.2.2
```

拉取CPU版本的PaddlePaddle，并且镜像中预装好了jupyter，拉取命令如下：

```
docker pull registry.baidubce.com/paddlepaddle/paddle:2.2.2-jupyter
```

用镜像构建并进入Docker容器，命令如下：

```
docker run --name paddle -it -v $PWD:/paddle
registry.baidubce.com/paddlepaddle/paddle:2.2.2 /bin/bash
```

如果需要下载 GPU 版本，则需要查看 GPU 版本支持的 CUDA，并需要预先安装 CUDA 和 nvidia-docker。这里以 CUDA 11.2 为例，拉取预安装 PaddlePaddle 的镜像命令如下：

```
nvidia-docker pull registry.baidubce.com/paddlepaddle/paddle:2.2.2-gpu-cuda11.2-cudnn8
```

用镜像构建并进入 Docker 容器，命令如下：

```
nvidia-docker run --name paddle -it -v $PWD:/paddle
registry.baidubce.com/paddlepaddle/paddle:2.2.2-gpu-cuda11.2-cudnn8 /bin/bash
```

4. 验证 PaddlePaddle 是否安装成功

PaddlePaddle 通过 3 种方式中的一种安装之后，进入 Python 编辑器，可以通过以下命令检测 PaddlePaddle 是否安装成功：

```
import paddle
paddle.utils.run_check()
```

运行命令，出现图 2-5 所示的结果，说明 PaddlePaddle 在本地安装成功。

```
PaddlePaddle is installed successfully!
```

图 2-5　PaddlePaddle 安装成功

说明： 如果读者不想在本地搭建 PaddlePaddle 开发环境，则可以使用任务 1 中介绍的 AI Studio 平台。AI Studio 平台是基于 PaddlePaddle 的一站式 AI 在线开发平台，可提供在线编程环境、GPU 算力、海量开源算法和开放数据。

2.4 高层 API

PaddlePaddle 在不断提升的过程中，推出了全新的高层 API，主要适用于 2.0 及以上版本。使用全新的 API，能够快速地构建深度学习项目及完成算法的迭代。PaddlePaddle 高层 API 具有以下特点：

- 易学易用：高层 API 是对普通动态图 API 的进一步封装和优化，同时保持与普通 API 的兼容性。高层 API 的使用更加易学、易用。同样的实现，使用高层 API 可以节省大量的代码。
- 低代码开发：使用 PaddlePaddle 高层 API 的一个明显特点是编程代码量大大缩减。
- 动静转换：高层 API 支持动静转换，只需要改一行代码即可实现将动态图代码在静态图模式下训练，既方便使用动态图调试模型，又提升了模型训练效率。

在功能增强与使用方式上，高层 API 有以下升级：

- 模型训练方式：高层 API 中封装了 Model 类，继承了 Model 类的神经网络可以仅用几行代码来完成模型的训练。
- 新增图像处理模块 transform：PaddlePaddle 新增了图像预处理模块，其中包含数十种数据处理函数，基本涵盖了常用的数据处理、数据增强方法。
- 常用的神经网络模型可供调用：高层 API 中集成了计算机视觉领域和自然语言处理领域中的常用模型，包括但不限于 mobilenet、resnet、yolov3、cyclegan、bert、transformer、seq2seq 等。PaddlePaddle 同时发布了对应模型的预训练模型，可以直接使用这些模型或者在此基础上完成二次开发。

任务实施

任务背景

学习出租车计费规则

数字技术日益成为创新驱动发展的先导力量，开启了一次具有全局性、战略性、革命性意义的数字化转型，带动人类社会生产方式变革、生产关系再造、经济结构重组、生活方式巨变。例如在乘坐出租车时，知道每次乘坐出租车的千米数，也知道每次下车时支付给出租车司机的总费用，但是不知道乘车的起步价，以及每千米的行驶费用是多少。这里希望让机器从这些数据中学习出计算总费用的规则。

分析任务

根据要求，首先定义一个线性公式，公式如下：

```
total_fee = w * distance_travelled + b
```

要让机器学习程序通过数据学习出公式中的参数 w 和参数 b（w 和 b 都是浮点数）。学习出 w 和 b 后，当乘客知道了行驶里程 distance_travelled 时，就可以估算出用户的总费用 total_fee 了。

实验思路

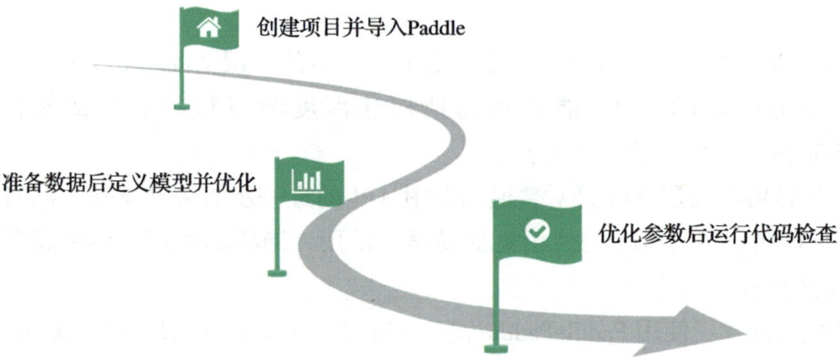

任务步骤

第一步：登录 AI Studio，选择新建项目，并进入项目的编辑界面。

第二步：先用 Python 的 import 语句导入 Paddle。代码如下：

```
import paddle
print("paddle"+paddle.__version__)
```

运行代码，结果如图 2-6 所示。

```
paddle 2.2.2
```

图 2-6　导入 Paddle 后的运行结果

第三步：准备数据，由要求已知乘客的行驶里程 distance_travelled 和对应的总费用 total_fee，此处为一些模拟数字。在机器学习中，distance_travelled 输入值称为 x（或者特征 feature），total_fee 作为输出值，一般被称为 y（或者标签 label）。可以用 paddle.to_tensor 把示例数据转换为 paddle 的 Tensor 数据。代码如下：

```
x_data=paddle.to_tensor([[1.],[3.0],[5.0],[9.0],[10.0],[20.0]])
y_data=paddle.to_tensor([[12.],[16.0],[20.0],[28.0],[30.0],[50.0]])
```

第四步：定义模型 y_predict = w * x + b，并使用 paddle. nn. Linear 实现模型的计算。代码如下：

```
    linear=paddle.nn.Linear(in_features=1, out_features=1)
```

第五步：使用 PaddlePaddle 初始化 w 和 b。代码如下：

```
w_before_opt=linear.weight.numpy().item()
b_before_opt=linear.bias.numpy().item()

print("w before optimize: {}".format(w_before_opt))
print("b before optimize: {}".format(b_before_opt))
```

运行代码，结果如图 2-7 所示。

```
w before optimize: -0.06928110122680664
b before optimize: 0.0
```

图 2-7　w 和 b 初始化值的结果

第六步：优化模型，用简单的均方误差（Mean Square Error）作为损失函数（paddle. nn. MSELoss），用常见的优化算法 SGD（Stocastic Gradient Descent）作为优化算法（传给 paddle. optimizer. SGD 的参数 learning_rate）。代码如下：

```
mse_loss = paddle.nn.MSELoss()
sgd_optimizer = paddle.optimizer.SGD(learning_rate = 0.001, parameters = linear.parameters())
```

第七步：逐步调参，优化算法。代码如下：

```
total_epoch = 5000
for i in range(total_epoch):
    y_predict = linear(x_data)
    loss = mse_loss(y_predict, y_data)
    loss.backward()
    sgd_optimizer.step()
    sgd_optimizer.clear_grad()

    if i% 1000 == 0:
        print("epoch {} loss {}".format(i, loss.numpy()))

print("finished training, loss {}".format(loss.numpy()))
```

运行代码，可以看出 loss 值（衡量 y 和 y_predict 差距的 loss）在不断地降低。

第八步：查看机器学习出来的参数。代码如下：

```
w_after_opt = linear.weight.numpy().item()
b_after_opt = linear.bias.numpy().item()

print("w after optimize: {}".format(w_after_opt))
print("b after optimize: {}".format(b_after_opt))
```

运行代码，结果如图 2-8 所示。此时会发现 w 变成了接近 2.0 的一个值，b 变成了接近 10.0 的一个值。

```
w after optimize: 2.018078327178955
b after optimize: 9.768841743469238
```

图 2-8　w 和 b 预测之后的结果

任务小结

通过本任务的学习，读者能够在不同的操作系统中搭建 PaddlePaddle 环境，并通过搭建的环境来实现计算出租车计费规则案例。同时，读者可了解 PaddlePaddle 在行业中的应用，以及高层 API 的具体功能和特点。本任务作为深度学习的快速入门内容，希望可以激发读者对深度学习的兴趣。

任务评价

学习本任务后，查看自己是否掌握了以下技能，在技能检测表中标出已掌握的技能。

评价标准	自我评价（0~10 分）	小组评价（0~10 分）	教师评价（0~10 分）
是否熟悉 PaddlePaddle 环境搭建			
是否了解 PaddlePaddle 的 5 部分			
是否掌握高层 API 的特点			
是否熟悉 PaddlePaddle 在行业中的应用			
是否能够编写简单的 PaddlePaddle 程序			

任务 3 PaddlePaddle 基础知识

任务目标

知识目标

1）掌握张量的概念
2）了解什么是动态图
3）了解模型开发的步骤
4）掌握数据处理与模型组网的方法
5）熟悉模型训练的过程

技能目标

1）能够利用好动态图的优势
2）能够独立完成模型的开发

素质目标

1）能够动手开发模型
2）具有动手意识和团队意识

任务描述

框架的本质是由框架实现建模过程中相对通用的模块，将不同模型个性化的部分交予用户实现，在“投入节省精力”和“产出灵活强大”之间达到一个平衡。本任务通过使用 PaddlePaddle 框架搭建波士顿房价预测模型，从而让读者学习 PaddlePaddle 的基础知识，并能够使其熟练完成模型的开发，完成搭建预测模型案例。

任务准备

飞桨（PaddlePaddle）以百度多年的深度学习技术研究和业务应用为基础，集深度学习核心训练和推理框架、基础模型库、端到端开发套件、丰富的工具组件于一体，是我国首个自主研发、功能完备、开源开放的产业级深度学习平台。

3.1 张量

PaddlePaddle 与 Python 中的科学计算库（Numpy）类似，提供大量的计算操作，在计算过程中用到的常量称为张量（Tensor）。PaddlePaddle 支持动态图和静态图。张量是数据流图中节点之间相互流通数据的表现形式，比如一维数组、二维数组等都可以理解为张量，表示相关操作的输出。常见的张量数据类型如表 3－1 所示。

表 3－1　常见的张量数据类型

数据类型	Python 类型	描述
DT_FLOAT	tf. float32	32 位浮点数
DT_DOUBLE	tf. float64	64 位浮点数
DT_INT64	tf. int64	64 位有符号整型
DT_INT32	tf. int32	32 位有符号整型
DT_STRING	tf. string	可变长度的字节数组，每一个张量元素都是一个字节数组
DT_BOOL	tf. bool	布尔型
DT_UINT8	tf. uint8	8 位无符号整型

PaddlePaddle 在深度学习方面具有强大的计算能力，可以创建多种不同形式的张量。在提供的 API 中，常用的函数有 randn()、arange() 和 to_tensor() 等。

（1）randn()　randn() 函数返回符合标准正态分布的随机张量，形状为 shape，数据类型为 dtype，语法格式为：

```
paddle.randn(shape, dtype=None, name=None)
```

参数说明如下：

- shape（list | tuple | Tensor）：生成的随机张量的形状。如果 shape 是 list、tuple，则其中的元素可以是 int，或者是形状为［1］且数据类型为 int32、int64 的 Tensor。如果 shape 是 Tensor，则数据类型为 int32、int64 的 1－D Tensor。
- dtype（str | np. dtype | core. VarDesc. VarType，可选）：输出 Tensor 的数据类型，支持 float32、float64。当该参数值为 None 时，输出 Tensor 的数据类型为 float32。默认值为 None。
- name（str，可选）：输出的名字。一般无须设置，默认值为 None。

（2）arange()　arange() 函数返回以步长 step 均匀分隔给定数值区间［start，end）的 1－D Tensor，数据类型为 dtype，语法格式为：

```
paddle.arange(start=0, end=None, step=1, dtype=None, name=None)
```

参数说明如下：

- start（float | int | Tensor）：区间起点（且区间包括此值）。当 start 类型是 Tensor 时，是形状为［1］且数据类型为 int32、int64、float32、float64 的 Tensor。如果仅指定 start，而 end 为 None，则区间为［0，start）。默认值为 0。
- end（float | int | Tensor，可选）：区间终点（且通常区间不包括此值）。当 end 类型是 Tensor 时，是形状为［1］且数据类型为 int32、int64、float32、float64 的 Tensor。默认值为 None。
- step（float | int | Tensor，可选）：均匀分割的步长。当 step 类型是 Tensor 时，是形状为［1］且数据类型为 int32、int64、float32、float64 的 Tensor。默认值为 1。
- dtype（str | np. dtype | core. VarDesc. VarType，可选）：输出 Tensor 的数据类型，支持 int32、int64、float32、float64。当该参数值为 None 时，输出 Tensor 的数据类型为 int64。默认值为 None。
- name（str，可选）：输出的名字。一般无须设置，默认值为 None。

（3）to_tensor（）　to_tensor（）函数将 PIL. Image 或 numpy. ndarray 转换成 paddle. Tensor。将形状为（H x W x C）的输入数据 PIL. Image 或 numpy. ndarray 转换为（C × H × W）。如果想保持形状不变，则可以将参数 data_format 设置为 HWC。语法格式为：

```
paddle.vision.transforms.to_tensor(pic, data_format='CHW')
```

参数说明如下：

- pic（PIL. Image | numpy. ndarray）：输入的图像数据。
- data_format（str，optional）：返回的张量的格式，必须为 HWC 或 CHW。默认值为 CHW。

使用 to_tensor( ) 的示例代码如下：

```
import numpy as np
from PIL import Image
from paddle.vision.transforms import functional as F

#创建一个图像
fake_img = (np.random.rand(256, 300, 3) * 255.).astype('uint8')
#对图像进行格式转换
fake_img = Image.fromarray(fake_img)

tensor = F.to_tensor(fake_img)
print(tensor.shape)
```

3.2 动态图

使用动态图，可以实时得到中间结果的值，使调试更加容易。同时，对于有编程经验的人员来说，使用动态图更容易将大脑中的想法转换为代码方案，实现起来更加友好。

PaddlePaddle 从 2.0 版本开始默认开启动态图开发模式。使用动态图开发模式，每次执行一个运算，立刻能够得到结果。在使用动态图的过程中，除了引入 Paddle 库外，还需要引入 Numpy 库，示例代码如下：

```
import paddle
import paddle.nn.functional as F
import numpy as np
```

使用动态图有以下优势：

1）动态图模式下，可以直接运行 PaddlePaddle 提供的 randn( ) 或者 arange( ) 等函数，会立刻返回结果，不需要创建一个计算图并对给定的数据进行运算，示例代码如下：

```
a = paddle.randn([4, 2])
b = paddle.arange(1, 3, dtype = 'float32')

print(a)
print(b)
```

运行代码，结果如图 3-1 所示。通过图 3-1 可以看出，a 为一个 4 行 2 列的数组，b 为一个长度为 2 的一维数组。

```
Tensor(shape=[4, 2], dtype=float32, place=CPUPlace, stop_gradient=True,
       [[-0.74161321,  0.12083641],
        [ 0.27685523, -1.18692565],
        [ 0.41374326, -0.27486178],
        [-1.26515305, -0.50754678]])
Tensor(shape=[2], dtype=float32, place=CPUPlace, stop_gradient=True,
       [1., 2.])
```

图 3-1　动态图下 a 与 b 的结果

2）动态图模式下，可以使用 Python 的条件判断和循环来执行神经网络的计算，示例代码如下：

```
a = paddle.to_tensor(np.array([1, 2, 3]))
b = paddle.to_tensor(np.array([4, 5, 6]))

for i in range(10):
```

```
    r = paddle.rand([1,])
    if r > 0.5:
        c = paddle.pow(a, i) + b
        print("{} +> {}".format(i, c.numpy()))
    else:
        c = paddle.pow(a, i) - b
        print("{} -> {}".format(i, c.numpy()))
```

3）使用动态图，可以根据控制流选择不同的分支网络，同时方便构建权重共享网络，示例代码如下：

```
inputs = paddle.rand((256, 64))

linear = paddle.nn.Linear(64, 8, bias_attr = False)
loss_fn = paddle.nn.MSELoss()
optimizer = paddle.optimizer.Adam(0.01, parameters = linear.parameters())

for i in range(10):
    hidden = linear(inputs)
    #从输入到隐藏的权重与从隐藏到输出的线性映射共享
    outputs = paddle.matmul(hidden, linear.weight, transpose_y = True)
    loss = loss_fn(outputs, inputs)
    loss.backward()
    print("step: {}, loss: {}".format(i, loss.numpy()))
    optimizer.step()
    optimizer.clear_grad()
```

3.3 模型开发

1. 数据处理

深度学习模型在训练过程中需要大量的数据来完成模型的调优。在这个过程中，常用的图片数据或者文本数据是不能直接用来操作的，需要转换成数字的格式，也就是需要对原始的各种数据文件进行处理，将它们转换成模型中可以使用的数据类型。

（1）数据收集

1）内置数据集。

在训练模型的过程中，第一步就是对数据进行收集。PaddlePaddle 框架将常用的数据集封装到了 API 中，在使用过程中，可以直接调用 API 进行查看。存放数据集的主要目录为 paddle. vision. dataset 与 paddle. text。PaddlePaddle 内置的数据集如表 3 – 2 所示。

表 3-2　PaddlePaddle 内置的数据集

数据集分类	数据集名称	数据集简介
视觉相关数据集	MNIST	手写体数字的图片数据集
	FashionMNIST	FashionMNIST 是作为 MNIST 数据集的替代数据集。FashionMNIST 包含了 10 种类别 70000 个不同时尚穿戴品的图像，整体数据结构上与 MNIST 完全一致
	Flowers	花卉图片数据集
	CIFAR10	识别普适物体的小型数据集，一共包含 10 个类别的 RGB 彩色图片：飞机、轿车、鸟类、猫、鹿、狗、蛙类、马、船和卡车
	CIFAR100	CIFAR100 有 100 个类，每个类包含 600 个图像，其中有 500 个训练图像和 100 个测试图像。CIFAR100 中的 100 个类被分成 20 个超类。每个图像都带有一个“精细”标签（它所属的类）和一个“粗糙”标签
	VOC2012	从现实场景中的许多视觉对象类别中识别对象，有 3 个主要的对象识别竞赛：分类、检测和分割，动作分类竞赛，ImageNet 运行的大规模识别竞赛
自然语言相关数据集	Conll05st	语义角色标注数据集
	Imdb	电影数据库的评论数据集
	Imikolov	神经网络的语言模型数据集
	MovieLens	电影推荐数据集
	UCIHousing	房屋信息数据集
	WMT14	机器翻译数据集
	WMT16	英德翻译数据集

查看 PaddlePaddle 中包含的数据集，示例代码如下：

```
import paddle
print('视觉相关数据集:', paddle.vision.datasets.__all__)
print('自然语言相关数据集:', paddle.text.__all__)
```

在调用内部提供的数据集时，可用 mode 来表示训练集与测试集，数据集接口会自动从远端下载数据集到本机缓存目录 ~/.cache/paddle/dataset。示例代码如下：

```
from paddle.vision.transforms import ToTensor
# 训练数据集,用 ToTensor 将数据格式转换为 Tensor
train_dataset = paddle.vision.datasets.MNIST(mode='train', transform=
ToTensor())

# 验证数据集
val_dataset = paddle.vision.datasets.MNIST(mode='test', transform=
ToTensor())
```

说明： 除 paddle. vision. dataset 与 paddle. text 外，PaddlePaddle 框架还内置了另一套数据集，路径为 paddle. dataset. * 。但是该数据集的使用方式较老，会在未来的版本中废弃，尽量不要使用该目录下数据集的 API。

2）自定义数据集。

在实际应用过程中，当内置的数据集不能满足要求时，需要自己根据已有的相关数据来定义数据集。在 PaddlePaddle 中，可以使用其提供的 paddle. io. Dataset 基类快速实现自定义数据集。实现自定义数据集的代码如下：

```
import paddle
from paddle.io import Dataset

BATCH_SIZE = 64
BATCH_NUM = 20

IMAGE_SIZE = (28, 28)
CLASS_NUM = 10


class MyDataset(Dataset):
    """
    步骤一:继承 paddle.io.Dataset 类
    """
    def __init__(self, num_samples):
    """
    步骤二:实现构造函数,定义数据集大小
    """
    super(MyDataset, self).__init__()
    self.num_samples = num_samples

  def __getitem__(self, index):
    """
    步骤三:实现__getitem__()方法,定义指定 index 时如何获取数据,并返回单条数据
(训练数据,对应的标签)
    """
    data = paddle.uniform(IMAGE_SIZE, dtype = 'float32')
    label = paddle.randint(0, CLASS_NUM - 1, dtype = 'int64')

    return data, label

  def __len__(self):
    """
```

```
        步骤四:实现__len__()方法,返回数据集总数目
        """
        return self.num_samples

# 测试定义的数据集
custom_dataset = MyDataset(BATCH_SIZE * BATCH_NUM)

print('============= custom dataset =============')
for data, label in custom_dataset:
    print(data.shape, label.shape)
        break
```

（2）数据加载　在 PaddlePaddle 中，数据加载需要调用 paddle. io. DataLoader( ) 函数，示例代码如下：

```
train_loader = paddle.io.DataLoader(custom_dataset,batch_size = BATCH_SIZE,
shuffle = True)
# 如果要加载内置数据集,则将 custom_dataset 换为 train_dataset 即可
for batch_id, data in enumerate(train_loader()):
    x_data = data[0]
    y_data = data[1]

    print(x_data.shape)
    print(y_data.shape)
    break
```

在代码中定义一个数据迭代器 train_loader，用于加载训练数据。通过 batch_ size = 64 设置数据集的批大小为 64，使用 shuffle = True 在取数据前打乱数据。

（3）数据预处理　获取数据后，如果不对数据进行处理，就会出现拟合的问题。PaddlePaddle 提供了数据增强 API（定义在 paddle. vision. transforms 下），对训练数据做增强，对数据进行处理以得到不同的图像，从而泛化数据集。

1）基于框架的内置数据集。

针对 PaddlePaddle 框架中的内置数据集，可以使用paddle. vision. transforms下的方法，常用方法如表 3 - 3 所示。

表 3 - 3　PaddlePaddle 内置数据集常用方法

方法	描述
BaseTransform(key)	视觉中图像变化的基类，使用过程中可以输入单一的图像或者不同数据结构的元组
Compose	将用于数据集预处理的接口以列表的方式进行组合

（续）

方法	描述
Resize(size, interpolation ='bilinear', keys = None)	将输入数据调整为指定大小，size 为输出图像大小，interpolation 插值的方法默认值为 bilinear
RandomResizedCrop(size, scale = (0.08, 1.0), ratio = (3./4, 4./3), interpolation = 'bilinear', keys = None)	将输入图像按照随机大小和长宽比进行裁剪，会根据参数生成基于原图像的随机比例（默认值：0.08～1.0）和随机宽高比（默认值：3./4～4./3）。size 表示输出图像的大小，scale 表示随机剪裁后图像大小的范围，默认为（0.08，1.0），ratio 表示剪裁后的目标图像宽高比范围，默认为（0.75，1.33）
CenterCrop(size, keys = None)	对输入图像进行裁剪，保持图片中心点不变。size 表示输出图像的形状大小，keys 默认为 None
RandomHorizontalFlip (prob = 0.5, keys = None)	基于概率来执行图片的水平翻转。prob 表示图片执行水平翻转的概率，取值范围为［0，1］，默认值为 0.5
RandomVerticalFlip(prob = 0.5, keys = None)	基于概率来执行图片的垂直翻转。prob 表示图片执行垂直翻转的概率，取值范围为［0，1］，默认值为 0.5
Transpose(order = (2, 0, 1), keys = None)	将输入的图像数据更改为目标格式。例如，大多数数据预处理使用 HWC 格式的图片，而神经网络则可能使用 CHW 格式的输入张量。输出的图片是 numpy.ndarray 的实例。order 表示目标的维度顺序，默认为 (2, 0, 1)
Normalize (mean =0.0, std =1.0, data_format = 'CHW', to_rgb = False, keys = None)	图像归一化处理，支持两种方式：第一种，用统一的均值和标准差值对图像的每个通道进行归一化处理；第二种，对每个通道指定不同的均值和标准差值进行归一化处理。mean 表示用于每个通道归一化的均值；std 表示用于每个通道归一化的标准差值；data_format 表示数据的格式，必须为 HWC 或 CHW，默认值为 CHW；to_rgb 表示是否转换为 RGB 的格式，默认值为 False
BrightnessTransform (value)	调整图像的亮度。value 表示亮度调整范围的大小，会从给定参数后的均匀分布［max（0，1 - brightness), 1 + brightness］中随机选择以进行实际调整，可以是任何非负数。参数等于 0 时输出原始图像
SaturationTransform (value)	调整图像的饱和度。value 表示饱和度的调整数值，为非负数。当参数值为 0 时返回原始图像
ContrastTransform (value)	调整图像对比度。value 表示对比度调整范围大小，会从给定参数后的均匀分布［max（0，1 - contrast), 1 + contrast］中随机选择以进行实际调整，不能是负数。参数值为 0 时返回原图像
HueTransform (value)	调整图像的色调。value 表示色调调整范围大小，会从给定参数后的均匀分布［- hue，hue］中随机选择以进行实际调整，参数值需要在 0～0.5 之间。参数值为 0 时返回原始图像

（续）

方法	描述
ColorJitter (brightness = 0, contrast = 0, saturation = 0, hue = 0, keys = None)	随机调整图像的亮度、对比度、饱和度和色调。brightness 表示亮度调整范围大小；contrast 表示对比度调整范围大小；saturation 表示饱和度调整范围大小；hue 表示色调调整范围大小
RandomCrop (size, padding = 0, pad_if_needed = False, keys = None)	在随机位置裁剪输入的图像。size 表示裁剪后的图片大小；padding 表示对图像四周外边进行填充，如果提供了长度为 4 的序列，则将其分别用于填充左边界、上边界、右边界和下边界。padding 的默认值为 0，表示不填充。pad_if_needed 表示如果裁剪后的图像小于期望的大小，是否对裁剪后的图像进行填充，以避免引发异常。pad_if_needed 的默认值为 False，保持初次裁剪后的大小，不填充
Pad (padding, fill = 0, padding_mode = 'constant', keys = None)	使用特定的模式和值来对输入图像进行填充。padding 表示在图像边界上进行填充的范围；fill 表示用于填充的像素值。仅当 padding_mode 为 constant 时，fill 参数值有效。fill 参数的默认值为 0。如果 fill 参数值是一个长度为 3 的元组，则会分别用于填充 R、G、B 通道；padding_mode 表示填充模式，支持 constant、edge、reflect 或 symmetric，默认值为 constant。constant 表示使用常量值进行填充，edge 表示使用图像边缘像素值进行填充，symmetric 表示使用原图像的镜像值进行填充（使用边缘上的值）
RandomRotation(degrees, interpolation = 'nearest', expand = False, center = None, fill = 0, keys = None)	依据 degrees 参数指定的角度范围，按照均匀分布随机产生一个角度对图像进行旋转。degrees 表示旋转的角度度数范围；interpolation 表示插值的方法。expand 表示是否要对旋转后的图片进行大小扩展，默认值为 False。center 表示旋转的中心点坐标，原点是图片左上角，默认值是图像的中心点。fill 表示对图像扩展时填充的值，默认值为 0
Grayscale(num_output_channels = 1, keys = None)	将图像转换为灰度。num_output_channels 表示输出图像的通道数，参数值为 1 或 3，默认值为 1
to_tensor(pic, data_format = 'CHW')	将 PIL. Image 或 numpy. ndarray 转换成 paddle. Tensor。pic 表示输入的图像数据。data_format 表示返回的张量的格式，必须为 HWC 或 CHW。默认值为 CHW
hflip(img)	对输入图像进行水平翻转。img 表示输入的图像
vflip(img)	对输入图像进行垂直翻转。img 表示输入的图像
resize(img, size, interpolation = 'bilinear')	将输入数据调整为指定大小。img 表示输入数据，可以是（H，W，C）形状的图像或遮罩；size 表示输出图像大小。interpolation 表示插值的方法，默认值为 bilinear
rotate (img, angle, resample = False, expand = False, center = None, fill = 0)	按角度旋转图像。img 表示输入图像；angle 表示旋转角度，顺时针；resample 表示重采样滤波器；expand 表示是否要对旋转后的图片进行大小扩展，默认值为 False；center 表示旋转的中心点坐标，原点是图片左上角，默认值是图像的中心点；fill 表示对图像扩展时填充的值，默认值为 0

（续）

方法	描述
to_grayscale(img, num_output_channels = 1)	将图像转换为灰度。img 表示输入图像；num_output_channels 表示输出图像的通道数，默认值为 1，单通道
crop(x, shape = None, offsets = None, name = None)	根据偏移量（offsets）和形状（shape）裁剪输入（x）张量。x 表示（1 – D）～（6 – D）张量，数据类型为 float32、float64、int32 或者 int64；shape 表示输出 Tensor 的形状，数据类型为 int32；offsets 表示每个维度上裁剪的偏移量，数据类型为 int32
center_crop(img, output_size)	对输入图像进行中心裁剪。img 表示用于裁剪的图像。output_size 表示要裁剪的矩形框的大小
adjust_brightness(img, brightness_factor)	对输入图像进行亮度值调整。img 表示输入的图像。brightness_factor 表示调节图像亮度值的多少，可以是任何非负数
adjust_contrast(img, contrast_factor)	对输入图像进行对比度调整。img 表示输入的图像。contrast_factor 表示调节图像对比度的多少，可以是任何非负数
adjust_hue(img, hue_factor)	对输入图像进行色调的调整。img 表示输入的图像。hue_factor 表示图像的色调通道的偏移量. 数值范围为 [–0.5, 0.5]。0.5 和 –0.5 表示 HSV 空间中的色相通道正向和负向

示例： 对内置数据集 MNIST 随机调整亮度、对比度、饱和度，并改变图片大小，示例代码如下：

```
from paddle.vision.transforms import Compose, Resize, ColorJitter
# 定义想要使用的数据增强方式,包括随机调整亮度、对比度和饱和度,改变图片大小
transform = Compose([ColorJitter(), Resize(size = 32)])
# 通过 transform 参数传递定义好的数据增强方法即可完成对自带数据集的增强
train_dataset = paddle.vision.datasets.MNIST(mode = 'train', transform = transform)
```

2）自定义数据集。

对于自定义的数据集，可以在数据集的构造函数中进行数据增强方法的定义，之后对__getitem__()中返回的数据进行应用，就可以完成自定义数据增强。示例代码如下：

```
import paddle
from paddle.io import Dataset
from paddle.vision.transforms import Compose, Resize

BATCH_SIZE = 64
BATCH_NUM = 20
```

```
IMAGE_SIZE = (28, 28)
CLASS_NUM = 10

class MyDataset(Dataset):
    def __init__(self, num_samples):
        super(MyDataset, self).__init__()
        self.num_samples = num_samples
        # 在__init__() 中定义数据增强方法,此处为调整图像大小
        self.transform = Compose([Resize(size = 32)])

    def __getitem__(self, index):
        data = paddle.uniform(IMAGE_SIZE, dtype = 'float32')
        # 在__getitem__()中对数据集使用数据增强方法
        data = self.transform(data.numpy())

        label = paddle.randint(0, CLASS_NUM - 1, dtype = 'int64')

        return data, label

    def __len__(self):
        return self.num_samples

# 测试定义的数据集
custom_dataset = MyDataset(BATCH_SIZE * BATCH_NUM)

print('============= custom dataset =============')
for data, label in custom_dataset:
    print(data.shape, label.shape)
    break
```

运行代码，结果如图 3 - 2 所示。通过图 3 - 2 可以看出，输出的形状从 [28, 28] [1] 变为了 [32, 32] [1]，证明完成了图像的大小调整。

```
=============custom dataset=============
[32, 32] [1]
```

图 3 - 2　对图像进行处理

2. 模型组网

完成数据集构建和处理之后，需要对网络模型进行设计。网络模型的结构相当于模型的假设空间，即模型能够表达关系的集合。除了内置模型外，还可以使用 PaddlePaddle 搭建网络模型，主要通过 Sequential 或 SubClass 方式构建具体的模型。

（1）内置模型　PaddlePaddle 框架中内置了计算机视觉领域的常用模型，在进行计算机视觉任务的实现过程中，可以调用内置的模型。这些内置模型存储在 paddle. vision. models 目录下，可以通过以下命令查看内置的网络模型：

```
print('PaddlePaddle 框架内置模型:', paddle.vision.models.__all__)
```

要调用 PaddlePaddle 框架内置模型中的 LeNet 模型，示例代码如下：

```
lenet = paddle.vision.models.LeNet()
```

可以使用 paddle. summary( )方法查看模型的每一层输入/输出，示例代码如下：

```
paddle.summary(lenet, (64, 1, 28, 28))
```

运行代码，会发现显示出 LeNet 模型的结构和输入/输出，以及 LeNet 模型中包含的数据，如图 3-3 所示。对于 LeNet 模型的说明，后面的任务会涉及，此处只需了解即可。

```
Layer (type)    Input Shape       Output Shape      Param #
===========================================================
  Conv2D-1     [[64, 1, 28, 28]]   [64, 6, 28, 28]       60
   ReLU-1      [[64, 6, 28, 28]]   [64, 6, 28, 28]        0
 MaxPool2D-1   [[64, 6, 28, 28]]   [64, 6, 14, 14]        0
  Conv2D-2     [[64, 6, 14, 14]]   [64, 16, 10, 10]    2,416
   ReLU-2      [[64, 16, 10, 10]]  [64, 16, 10, 10]       0
 MaxPool2D-2   [[64, 16, 10, 10]]  [64, 16, 5, 5]         0
  Linear-1       [[64, 400]]        [64, 120]         48,120
  Linear-2       [[64, 120]]        [64, 84]          10,164
  Linear-3       [[64, 84]]         [64, 10]             850
===========================================================
Total params: 61,610
Trainable params: 61,610
Non-trainable params: 0
-----------------------------------------------------------
Input size (MB): 0.19
Forward/backward pass size (MB): 7.03
Params size (MB): 0.24
Estimated Total Size (MB): 7.46
-----------------------------------------------------------

{'total_params': 61610, 'trainable_params': 61610}
```

图 3-3　LeNet 模型的结构与输入/输出，以及该模型中包含的数据

（2）Sequential 构建模型　在顺序的线性网络结构中可以通过 Sequential 构建模型，完成模型组网。在使用 Sequential 的过程中，只需要按照网络模型的结构顺序一层一层加到 Sequential 后面，即可完成模型的组建。使用 Sequential 构建模型的语法格式如下：

```
class paddle.nn.Sequential( *layers)
```

使用 Sequential 构建模型的示例代码如下：

```
import paddle
    # Sequential 形式组网
    mnist = paddle.nn.Sequential(
    #构造一个 Flatten 类的可调用对象
    paddle.nn.Flatten(),
    #定义一个线性变换层,输入值为 28 ×28 =784,输出层为 512
    paddle.nn.Linear(784, 512),
    #使用 ReLU()激活函数
    paddle.nn.ReLU(),
    #正则化数据,设置丢弃代理为 0.2
    paddle.nn.Dropout(0.2),
    paddle.nn.Linear(512, 10)
)
```

（3）SubClass 构建模型　SubClass 构建模型主要适用于比较复杂的网络结构，可以通过编写 Layer 子类定义的方式来进行模型代码的编写。在__init__()构造函数中进行组网 Layer 的声明，在 forward 中使用声明的 Layer 变量进行前向计算。示例代码如下：

```
# Layer 类继承方式组网
class Mnist(paddle.nn.Layer):
    def __init__(self):
        super(Mnist, self).__init__()

        self.flatten = paddle.nn.Flatten()
        self.linear_1 = paddle.nn.Linear(784, 512)
        self.linear_2 = paddle.nn.Linear(512, 10)
        self.relu = paddle.nn.ReLU()
        self.dropout = paddle.nn.Dropout(0.2)

    def forward(self, inputs):
        y = self.flatten(inputs)
        y = self.linear_1(y)
        y = self.relu(y)
        y = self.dropout(y)
        y = self.linear_2(y)

        return y

mnist_2 = Mnist()
```

3. 模型训练

网络结构通过 paddle. Model 接口封装成模型后，可以对模型进行配置、训练、评估和预测等操作。具体步骤如下：

第一步：通过 Sequential( ) 方法对模型进行组网，通过 paddle. Model 对模型进行封装。示例代码如下：

```
#定义网络结构(采用 Sequential 组网方式)
mnist = paddle.nn.Sequential(
    paddle.nn.Flatten(1, -1),
    paddle.nn.Linear(784, 512),
    paddle.nn.ReLU(),
    paddle.nn.Dropout(0.2),
    paddle.nn.Linear(512, 10)
)
model = paddle.Model(mnist)
```

第二步：在使用 Model. fit 进行模型训练时，需要通过 model. prepare( ) 接口提前配置模型优化器、损失函数和精度计算方法等。示例代码如下：

```
#为模型训练做准备,设置优化器、损失函数和精度计算方法
model.prepare(paddle.optimizer.Adam(parameters = model.parameters()),
              paddle.nn.CrossEntropyLoss(),
              paddle.metric.Accuracy())
```

第三步：做好准备工作后，调用 fit （） 来启动训练过程，fit( ) 中主要包含训练数据集、训练轮次、单次训练数据批次大小和日志格式。示例代码如下：

```
#启动模型训练,指定训练数据集,设置训练轮次,设置单次训练数据的批次大小,设置日志格式
model.fit(train_dataset,
          epochs = 5,
          batch_size = 64,
          verbose = 1)
```

第四步：训练好的模型进行评估可以使用 evaluate( )。示例代码如下：

```
#用 evaluate()在测试集上对模型进行验证
eval_result = model.evaluate(test_dataset, verbose = 1)
```

第五步：使用 model. predict( ) 对训练好的模型进行预测验证，验证过程中只需要使用训练好的模型对预测测试数据进行计算即可。示例代码如下：

```
#用 model.predict()在测试集上对模型进行测试
test_result = model.predict(test_dataset)
```

任务实施

实现房价预测

数据集介绍

UCIHousing 数据集是经典的线性回归数据集。数据集共 7084 条数据，可以拆分成 506 行，每行 14 列。前 13 列用来描述房屋的各种信息，最后一列为该类房屋价格中位数。UCIHousing 数据集内的数据如表 3 – 4 所示。

表 3 – 4　UCIHousing 数据集内的数据

属性名	解释	类型
CRIM	该镇的人均犯罪率	连续值
ZN	占地面积超过 $25.000m^2$ 的住宅用地比例	连续值
INDUS	非零售商业用地比例	连续值
CHAS	是否邻近 Charies River	离散值，1 = 邻近；0 = 不邻近
NOX	一氧化氮浓度	连续值
RM	每栋房屋的平均客房数	连续值
AGE	1940 年之前建成的自用单位比例	连续值
DIS	到波士顿 5 个就业中心的加权距离	连续值
RAD	到径向公路的可达性指数	连续值
TAX	全值财产税率	连续值
PTRATIO	学生与教师的比例	连续值
B	$1000(BK-0.63)^2$（BK 指按城镇划分的部分人口的比例）	连续值
LSTAT	低收入人群占比	连续值
MEDV	同类房屋价格的中位数	连续值

实验思路

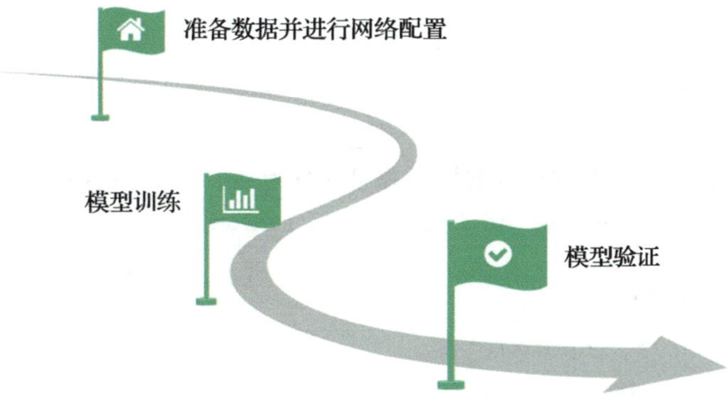

任务步骤

第一步：引入实现波士顿房价预测所需要的库。示例代码如下：

```
  paddle:PaddlePaddle 深度学习框架
import paddle
  numpy:Python 基本库,用于科学计算
import numpy as np
  os:Python 的模块,可使用该模块对操作系统进行操作
import os
  matplotlib:Python 绘图库,可方便绘制折线图、散点图等图形
import matplotlib.pyplot as plt
```

第二步：调用 paddle 框架中的 UCIHousing 数据集，并获取训练集和测试集。示例代码如下：

```
#设置默认的全局 dtype 为 float64
paddle.set_default_dtype("float64")
#下载数据
print('下载并加载训练数据')
train_dataset = paddle.text.datasets.UCIHousing(mode = 'train')
eval_dataset = paddle.text.datasets.UCIHousing(mode = 'test')
print('加载完成')
```

运行代码，会发现对 UCIHousing 数据集进行了下载，并加载完成，结果如图 3 - 4 所示。

```
Cache file /home/aistudio/.cache/paddle/dataset/uci_housing/housing.data not found, downloading http://paddlemodels.bj.bcebos.co
m/uci_housing/housing.data
Begin to download
............
Download finished
下载并加载训练数据
加载完成
```

图 3 - 4　UCIHousing 数据集加载完成结果

第三步：创建线性网络模型。示例代码如下：

```
# 定义全连接网络
class Regressor(paddle.nn.Layer):
    def __init__(self):
        super(Regressor, self).__init__()
        # 定义一层全连接层,输出维度是 1,激活函数为 None,即不使用激活函数
        self.linear = paddle.nn.Linear(13, 1, None)

    # 网络的前向计算函数
    def forward(self, inputs):
        x = self.linear(inputs)
        return x
```

第四步：使用 Model 封装模型。示例代码如下：

```
model = paddle.Model(Regressor())
```

第五步：定义损失函数。示例代码如下：

```
model.prepare(paddle.optimizer.Adam(parameters = model.parameters()),
paddle.nn.MSELoss())
```

第六步：训练保存模型并验证模型。示例代码如下：

```
model.fit(train_dataset, eval_dataset, epochs =5, batch_size =8, verbose =1)
```

运行代码，此时的结果如图 3－5 所示。

```
The loss value printed in the log is the current step, and the metric is the average value of previous step.
Epoch 1/5
step 51/51 [==============================] - loss: 637.7314 - 2ms/step
Eval begin...
The loss value printed in the log is the current batch, and the metric is the average value of previous step.
step 13/13 [==============================] - loss: 397.0762 - 807us/step
Eval samples: 102
Epoch 2/5
step 51/51 [==============================] - loss: 419.6844 - 1ms/step
Eval begin...
The loss value printed in the log is the current batch, and the metric is the average value of previous step.
step 13/13 [==============================] - loss: 394.5137 - 846us/step
Eval samples: 102
Epoch 3/5
step 51/51 [==============================] - loss: 418.2289 - 1ms/step
Eval begin...
The loss value printed in the log is the current batch, and the metric is the average value of previous step.
step 13/13 [==============================] - loss: 391.9957 - 860us/step
/opt/conda/envs/python35-paddle120-env/lib/python3.7/site-packages/paddle/fluid/layers/utils.py:77: DeprecationWarning: Using
or importing the ABCs from 'collections' instead of from 'collections.abc' is deprecated, and in 3.8 it will stop working
  return (isinstance(seq, collections.Sequence) and
Eval samples: 102
```

图 3－5　波士顿房价模型运行结果

任务小结

通过本任务的学习，读者应能够了解 PaddlePaddle 的基础知识，了解张量的创建方法与使用的函数。本任务通过模型开发搭建了波士顿房价预测模型，同时介绍了动态图与静态图的区别，以及模型开发的每一个步骤的操作。本任务作为 PaddlePaddle 框架的快速入门案例，希望可以激发读者对机器学习的兴趣。

任务评价

通过学习本任务，查看自己是否掌握了以下技能，在技能检测表中标出已掌握的技能。

评价标准	自我评价（0~10 分）	小组评价（0~10 分）	教师评价（0~10 分）
是否熟悉 PaddlePaddle 张量			
是否掌握了 PaddlePaddle 张量的创建			
是否掌握了动态图的优势			
是否能够独立完成模型的开发			

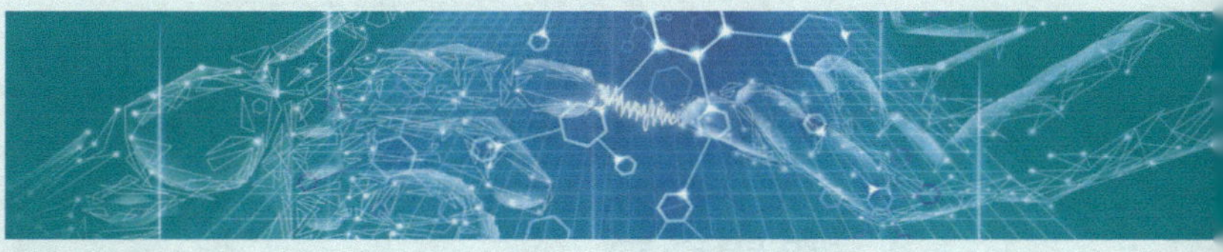

任务4 线性回归——预测程序员月薪

任务目标

知识目标

1）了解什么是机器学习
2）了解机器学习算法的分类
3）掌握回归的概念
4）熟悉线性回归的基本原理

技能目标

1）能够正确使用 sklearn 库
2）能够使用 Pandas 库读取数据集
3）能够使用 Matplotlib 库进行数据可视化操作
4）能够构建并训练线性回归模型

素质目标

1）具有持续自主学习的能力
2）具有良好的心理素质和动手意识
3）具有良好的思想道德品质

任务描述

回归问题可预测自变量与因变量之间的关系，是机器学习中常见的基本问题。本任务将通过构建线性回归模型实现对程序员月薪的自动预测，介绍了机器学习中的线性回归算法的基本原理，让读者熟练掌握线性回归算法的应用流程。

任务准备

在实现月薪预测的过程中，需要先清楚该问题属于机器学习中的哪一类问题，可以使用哪一类算法来解决。分析后可得出，本任务使用程序员月薪数据集，并通过机器学习中的线性回归算法来构建回归模型实现。

4.1 机器学习

1. 什么是机器学习

机器学习是实现人工智能的一种途径，它是让计算机通过一定的算法去分析数据中存在的规律，不断提升对新数据预测性能的过程。换一种说法，机器学习是研究计算机如何模拟或实现人类学习行为的。如表 4-1 所示，假设学生的专业课和选修课成绩都会影响他们最终能否获得奖学金，表中是往年部分学生的获奖情况。可以根据已知学生的获奖记录（即数据集），并且以某一种算法为指导，学习数据中存在的规律，找到获奖结果与成绩之间的关系，可以将这种关系以模型权重的方式存储下来，进而使用模型对未知结果的学生进行预测。这里的权重表示专业课和选修课对结果的影响程度。

表 4-1　部分学生成绩及获奖记录表

学生	专业课 A	专业课 B	选修课 C	能否获得奖学金
小张	90	80	92	能
小李	81	76	99	不能
小王	83	95	60	能

2. 机器学习算法分类

机器学习中的算法有很多，可以根据算法的功能将算法分为分类算法、回归算法、聚类算法。

分类算法：通过有标记（通常是离散型数值的随机变量）的样本训练出一个分类模型（分类器），该模型能把训练样本以外的新样本映射到给定类别中的某一个类中。

回归算法：通过拟合有标记（通常是连续型数值的随机变量）的样本分布得到一条直线或者超平面，从而对训练样本以外的新样本进行预测。

聚类算法：在预先不知道样本集所有样本的类别时，可通过一定方法使相似的样本划分为一个簇，不同簇的质心尽可能远。

4.2 线性回归

如图 4-1 所示，横轴表示房屋面积，纵轴表示房价，散点是部分抽样的数据。

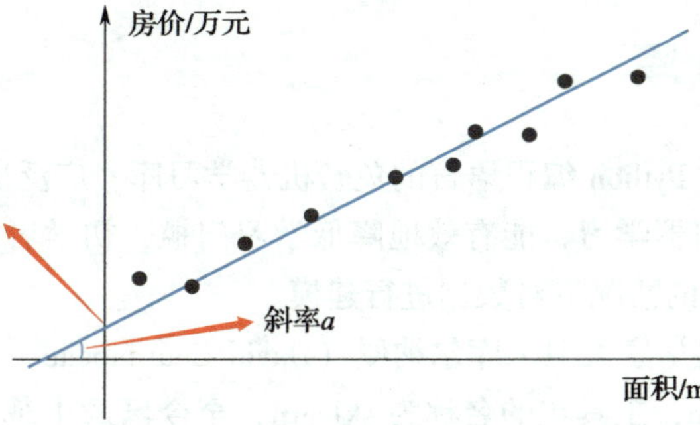

图 4-1　房屋面积与房价散点图

从图 4-1 中的散点分布上来看，自变量房屋面积与房价之间存在着一定的线性关系，所以可以大致地画出一条直线来表示它们之间的关系。这样，图中的这条直线就基本上拟合了它们的分布。那么，用什么来表示这条直线呢？

答案是一元线性函数，$y=ax+b$。直线与 x 轴夹角的正切就是斜率 a，直线与 y 轴的交点就是截距 b。

把上面一元线性函数中的参数代号变换一下，即把 a 变成 w，那么函数形式就变成了 $y=wx+b$，这就成了机器学习中一元线性回归模型的形式，这里的 w 称为权重，b 称为偏置。

假设在二维空间中，共有 m 个样本，即 $\{(x^1, y^1), (x^2, y^2), \cdots, (x^m, y^m)\}$，其中 x^i，$y^i \in \mathbf{R}$，每个样本都含有一个特征。一元线性回归模型就是通过拟合一条直线（$y=wx+b$）来建立自变量和因变量之间的关系。所以，线性回归的目的就是要通过学习找到这样一条直线，准确地说是找到最合适的 w 和 b，进而能够对未知的数据进行准确预测。

下面把这个问题抽象成一个能求解的数学问题，多元线性回归模型可以用如下公式来表示：

$$y^i_{\_hat} = w_n x^i_n + w_{n-1} x^i_{n-1} + \cdots + w_2 x^i_2 + w_1 x^i_1 + b$$

式中，每一个样本 x 都有 n 个特征，每个特征都对应一个权重系数，$y^i_{\_hat}$ 表示使用当前模型的权重对第 i 个样本的预测结果，非真实的目标值。

接下来就是训练过程。线性回归算法会根据已知的样本数据集，不断调整权重，朝着使模型预测越来越准确的方向去调整。这里要介绍一个概念，即损失。损失是指当前模型下，样本的预测值和真实值的差距。损失越小，表明模型与数据的真实分布越接近，则模型性能越良好；损失越大，表明模型与数据的真实分布差别越大，则模型性能越不佳。简单来说，线性回归的主要任务就是寻找损失最小化对应的模型参数。

定义损失有多种方式，在回归问题中，常用的损失函数是均方误差，就是所有样本预测值和真实值之间差值的平方和的平均值，具体见下面的公式：

$$\mathrm{MSE} = \frac{\sum_{i=1}^{n} (y^i - y^i_{\_hat})^2}{n}$$

4.3 sklearn 库

sklearn 库是针对 Python 编程语言的免费机器学习库，广泛地用于实际生产工作中。使用 sklearn 库进行机器学习，能有效地降低学习门槛，初学者能够在不需要深入了解算法背后的数学知识的情况下对数据进行建模。

2007 年，数据科学家大卫·库尔纳佩（David Cournapeau）等人发起了机器学习的开源项目 scikit-learn，工具包的名称为 sklearn，至今已逾十载。它已成为一款非常成熟的知名机器学习框架。很多互联网公司都使用 sklearn 库来构建推荐引擎、检测欺诈活动和管理客户服务团队。

sklearn 库是一款开源的 Python 机器学习库，它基于 NumPy 和 SciPy，提供了大量用于数据挖掘和分析的工具，以及支持多种算法的一系列接口。和其他开源项目类似，sklearn 库也是由社区成员自发组织和维护的。与其他开源项目不同的是，sklearn 库更显“保守”。但这里的“保守”并非贬义，而是意味着“可靠”。

作为一款“成熟稳重”的机器学习框架，sklearn 库提供了很多好用的 API（Application Programming Interface，应用程序接口）。它对常用的机器学习方法进行了封装。在进行机器学习任务时，并不需要每个人都了解所有的算法，只需要简单地调用 sklearn 库里的模块就可以实现大多数机器学习任务。

本任务的操作环境是由随机数（浙江）智能科技有限公司提供的人工智能实训平台。

如果要使用 sklearn 库中的某些方法，那么首先要导入 sklearn 库。

```
#导入 sklearn 库,并将其命名为 sk
import sklearn as sk
#查看 sklearn 库是否导入成功
sk
```

如果显示以下结果，则表示导入成功。

```
<module 'sklearn' from '/opt/conda/lib/python3.9/site-packages/
sklearn/__init__.py'>
```

机器学习中有很多算法，如回归算法、分类算法、聚类算法，另外还包括一些数据处理的方法。在用到这些算法的时候，直接从 sklearn 库中导入即可。现在以导入线性回归为例，导入线性回归模型。

```
#从 sklearn 库的 linear_model 模块中导入 LinearRegression
from sklearn.linear_model import LinearRegression
#查看线性回归算法 LinearRegression 是否导入成功
linear_model.LinearRegression
```

如果显示以下结果，则表示导入成功。

```
sklearn.linear_model._base.LinearRegression
```

任务实施

预测程序员月薪

数据集介绍

预测程序员月薪使用的数据集包含 1800 名程序员的样本数据，其中包含程序员的性别、年龄、工龄（入职月数）、月薪。

实验思路

任务步骤

第一步：导入需要的包。代码如下：

```
#导入 Numpy 科学计算库
import numpy as np
#导入 Pandas,读取和处理数据集
import pandas as pd
#导入 Matplotlib,将数据集以图的形式呈现
import matplotlib.pyplot as plt
#导入 sklearn,调用线性模块
from sklearn import linear_model
```

第二步：加载程序员月薪数据集。代码如下：

```
#数据集 programmer_salary.csv 存放在 data-sets/路径中,使用 read_csv()函数进行读取
data=pd.read_csv('data-sets/programmer_salary.csv')
#使用 head()函数预览数据集的前 5 行
data.head()
```

数据集前5行内容结果如图4-2所示。

	Gender(male)	Age	Tenure(month)	GROSS
0	1	25	7	24974
1	0	26	6	14792
2	1	24	8	27421
3	1	26	6	14792
4	1	29	25	78468

图4-2 数据集前5行内容

第三步：程序员月薪数据可视化。

本步骤主要通过Matplotlib库绘制出散点图，观察程序员的性别、年龄、工龄与月薪之间的关系分布。代码如下：

```
#绘制性别与月薪的散点图
#使用 iloc 函数取第 0 列(性别)数据和月薪数据
plt.scatter(data.iloc[:,0],data.iloc[:, -1])
#设置标题
plt.title("性别与月薪")
#设置 x 轴名称
plt.xlabel("0 为女,1 为男")
#设置 y 轴名称
plt.ylabel("月薪")
plt.show()
#绘制年龄与月薪的散点图
#使用 iloc 函数取第 1 列(年龄)数据和月薪数据
plt.scatter(data.iloc[:,1],data.iloc[:, -1])
plt.title("年龄与月薪")
plt.xlabel("年龄")
plt.ylabel("月薪")
plt.show()
#绘制工龄与月薪的散点图
#使用 iloc 函数取第 2 列(工龄)数据和月薪数据
plt.scatter(data.iloc[:,2],data.iloc[:, -1])
plt.title("工龄与月薪")
plt.xlabel("工龄")
plt.ylabel("月薪")
plt.show()
```

图4-3~图4-5所示是使用Matplotlib工具绘制的性别、年龄、工龄与月薪之间的散点图。

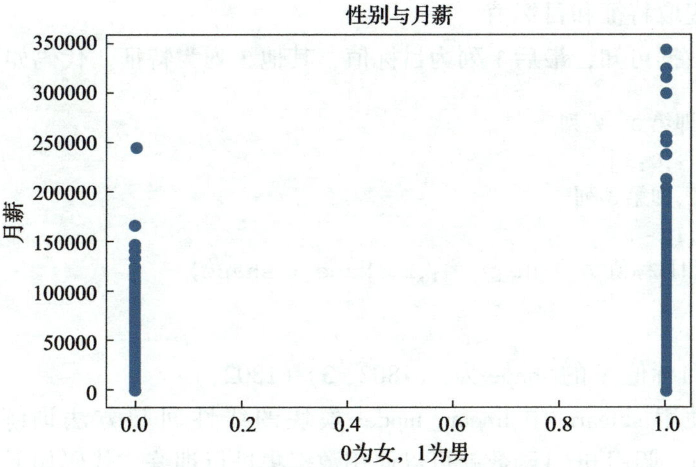

图 4－3　性别与月薪散点图

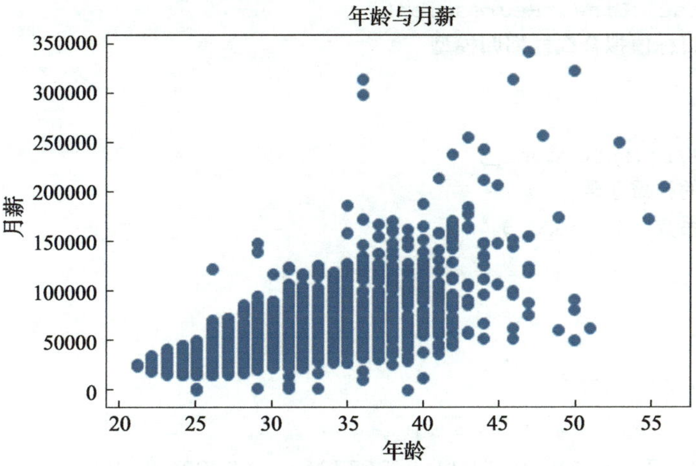

图 4－4　年龄与月薪散点图

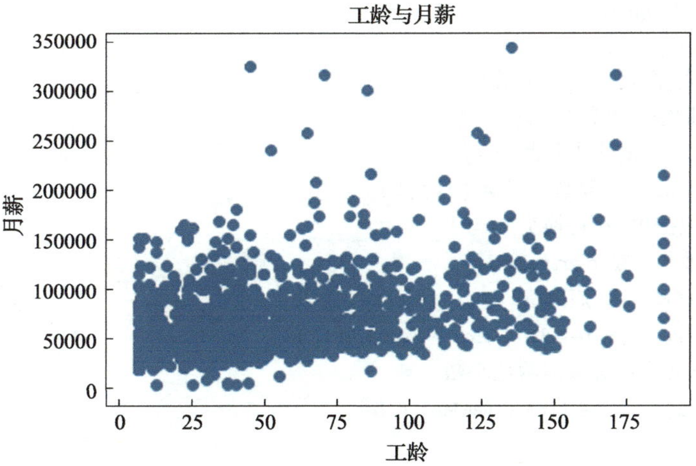

图 4－5　工龄与月薪散点图

第四步：提取特征和目标值。

通过预览数据可知，最后 1 列为目标值，其他 3 列为特征。代码如下：

```
#定义输入特征,即第 0 ~2 列
X = data.iloc[:,0:3]
#定义输出目标值,即第 3 列
Y = data.iloc[:,-1]
print('特征 X 和目标值 Y 的 shape 为:',X.shape,Y.shape)
```

输出结果：

特征 X 和目标值 Y 的 shape 为：(1802, 3) (1802,)

第五步：使用 sklearn 中 linear_model 模块的线性回归方法训练线性回归模型 LinearRegression，调用 fit( ) 函数就可以使用数据集进行训练。代码如下：

```
# 实例化一个线性回归模型
lr = linear_model.LinearRegression()
# 使用特征值与目标值拟合线性回归模型
lr.fit(X,Y)
# 打印截距
display('截距:',lr.intercept_)
# 打印线性模型的权重系数
display('权重系数:',lr.coef_)
```

输出结果：

```
'截距：'
 -75238.19948799792
'权重系数：'
array ( [8058.03299649, 3934.85767704,   82.82695074])
```

第六步：使用模型预测任一程序员的月薪。这里主要调用 predict( ) 函数来实现对数据的预测。代码如下：

```
# 逐个输入特征值:性别、年龄、工龄
gen = input("请输入性别(男/女):")
age = int(input("请输入年龄:"))
tenure = int(input("请输入工龄(月):"))
# 将输入的性别根据男、女转换为 0 与 1
gender =1 if "男" in gen else 0
# 输入数据转换为 Numpy 矩阵
newMat = np.array([[gender, age, tenure]])
# 计算目标值,输出的月薪保留两位小数
salary  = round(lr.predict(newMat)[0],2)
# 打印预测结果
print("预测{}性、年龄{}、工龄{}个月的月薪:{}".format(gen, age, tenure, salary))
```

输出结果：

```
请输入性别（男/女）：女
请输入年龄：26
请输入工龄（月）：6
预测女性、年龄26、工龄6个月的月薪：27565.06
```

任务小结

通过本任务的学习，读者应能够了解机器学习的概念、机器学习中回归、分类、聚类算法的区别。本任务通过运用线性回归算法实现对程序员月薪的预测，介绍了机器学习数据处理、模型训练与测试的基本流程。本任务是机器学习中较为基础的算法应用案例，可为后续对深度学习的理解和应用奠定基础。

任务评价

通过学习本任务，查看自己是否掌握了以下技能，在技能检测表中标出已掌握的技能。

评价标准	自我评价（0~10分）	小组评价（0~10分）	教师评价（0~10分）
是否熟悉机器学习的概念			
是否熟悉回归算法、分类算法、聚类算法的区别			
是否掌握数据处理和可视化工具			
是否掌握 sklearn 库中线性回归方法的调用			

任务5 卷积神经网络——猫狗分类

任务目标

知识目标

1）掌握机器学习的分类
2）了解什么是监督学习
3）了解什么是非监督学习
4）掌握卷积神经网络的概念
5）熟悉卷积神经网络的原理和结构

技能目标

1）能够获取猫狗分类数据集
2）能够对猫狗分类使用的数据集进行数据处理
3）能够使用卷积神经网络模型实现猫狗分类

素质目标

1）能够动手使用卷积神经网络模型
2）具有动手意识和团队意识

任务描述

图像分类是根据图像的语义信息将不同类别的图像区分开来，是计算机视觉中重要的基本问题。本任务通过使用卷积神经网络模型实现猫狗分类，介绍了机器学习的分类和卷积神经网络模型，搭建卷积神经网络模型，从而完成图像分类案例。

任务准备

在实现图像分类的过程中，首先要弄清楚属于人工智能机器学习中的哪一种，然后根据机器学习分类来评估使用何种模型实现任务的预测。本任务使用 CIFAR10

数据集实现猫狗分类，主要用到了对机器学习分类中的监督学习搭建卷积神经网络模型。

5.1 机器学习分类

1. 监督学习

监督学习是指已知样本的结果（如考试答案、生产结果等），使其达到所要求性能或结果的过程，主要任务是通过标记的训练数据来推断其中对应的功能，其训练数据包括类别信息（数据标签和特征）。如在垃圾邮件检测中，训练样本包括邮件的类别信息。如图 5 - 1 所示，X 为房屋面积，Y 为房屋价格，根据提供的数据进行训练，最后推测当房屋面积为 $90m^2$ 时房屋价格为多少，这就是一个典型的监督学习案例。

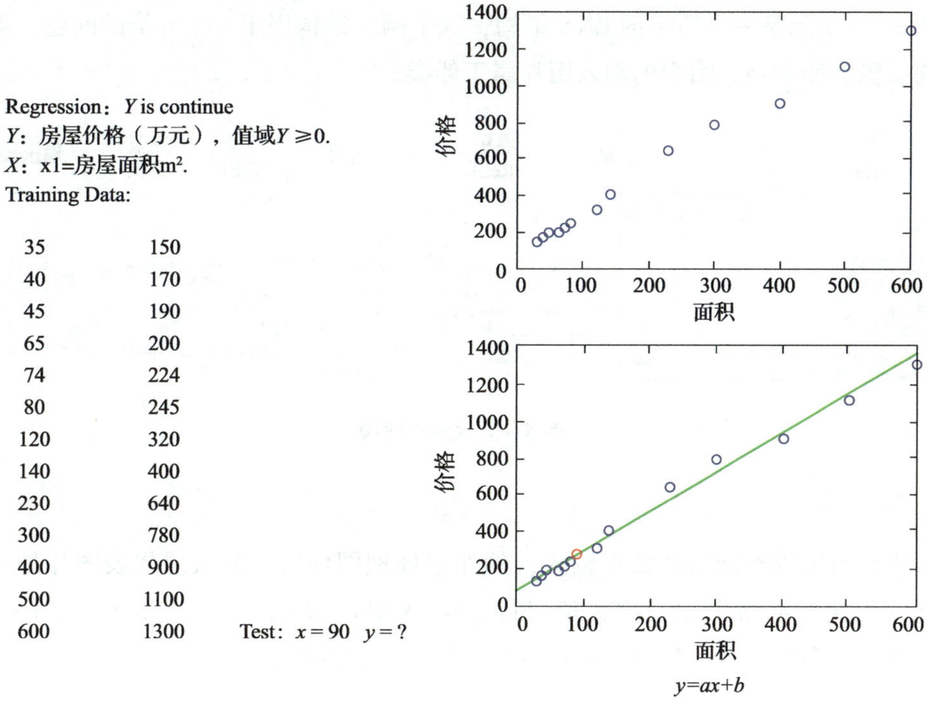

图 5 - 1 监督学习案例

2. 非监督学习

非监督学习也称为无监督学习，其样本中只含有特征，不包含标签信息，因此在训练时并不知道分类的结果是否正确。聚类算法是非监督学习中典型的一种算法，利用样本特征将具有相似特征的样本划分到同一个类别，无须提前设置数据集的类别。如图 5 - 2 所示，有一些图形，要让机器自己来学习对图形进行分类，把有相似特征的归属于一类，如可以把图形按照形状或大小进行分类。

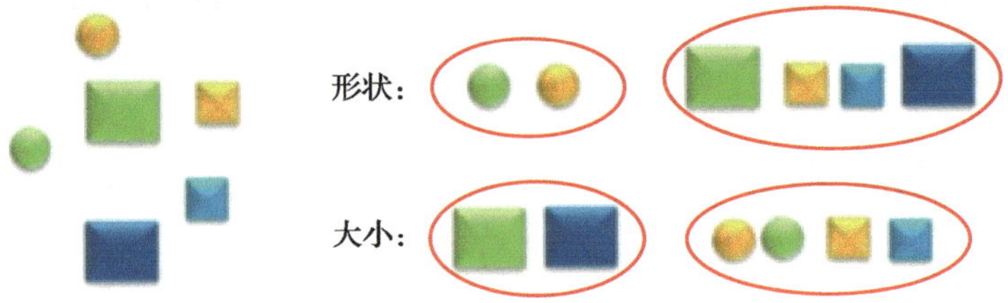

图 5－2　非监督学习案例

5.2 卷积神经网络概述

卷积神经网络（Convolutional Neural Network，CNN）可以应用在场景分类、图像分类中，还可以应用到自然语言处理（NLP）方面的很多问题中，如句子分类等。

图 5－3 所示是一个简单的 CNN 结构，这个网络结构用于一个分类的问题，类别分别是狗、猫、船和鸟，图中的输入图片属于船类。

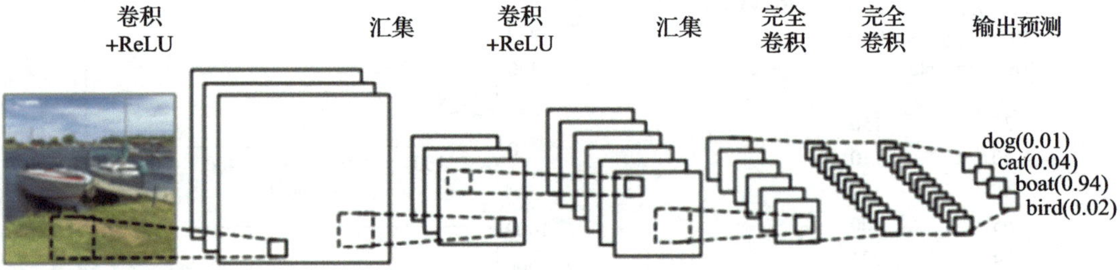

图 5－3　CNN 结构

1. 输入层

输入层负责神经网络的数据输入，例如在处理图像时，输入层代表图片的像素矩阵。在卷积神经网络中用三维张量（Length，Width，Channel）类型表示，Length 和 Width 代表图像的大小尺寸，Channel 代表图像的色彩通道。

2. 卷积层

卷积层也被称为过滤器或者内核。在卷积层中，通过一块块卷积核（Convolutional Kernel）在原始图像上平移来提取特征。卷积层中，每个节点的输入都是上一层的一小块数据。卷积层将神经网络中每一块数据进行深入分析，提取特征，得到特征映射。通常，卷积层处理过的节点矩阵会变深。卷积原理如图 5－4 所示。

不同的卷积核可以处理不同的问题。如图 5－5 所示，使用卷积操作实现辣椒边缘检测。

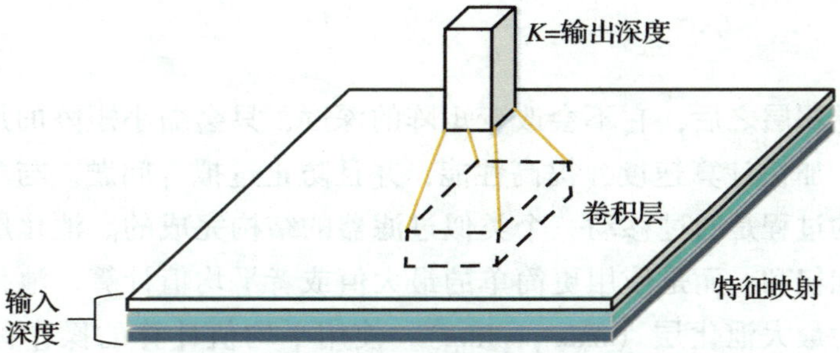

图 5-4　卷积原理

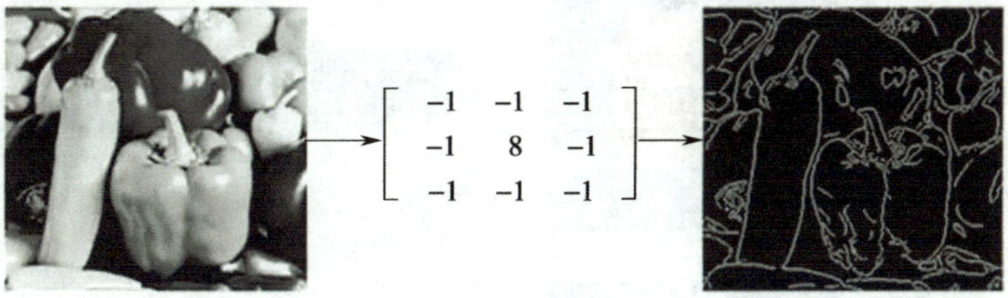

图 5-5　卷积案例

在卷积层提取数据特征进行的操作称为卷积运算。如图 5-6 所示，卷积运算对两个输入张量（输入和卷积核）进行卷积，并输出一个代表来自每个输入的信息的张量。

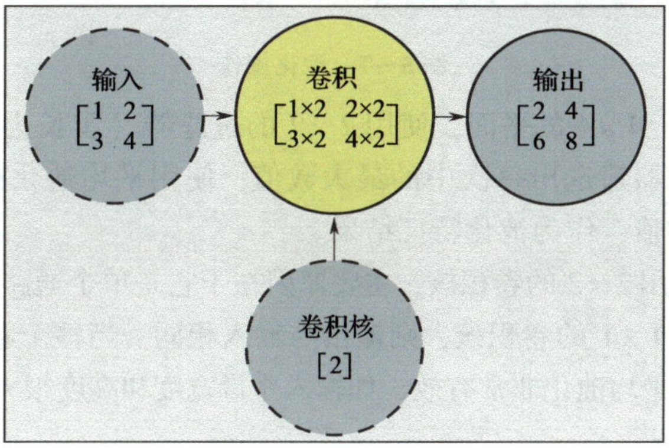

图 5-6　卷积运算

3. 激励层

激励层使用激活函数为神经网络引入非线性。非线性意味着输入和输出的关系是一条曲线，能够刻画输入中更为复杂的变化。在搭建 CNN 时，主要使用 tf. nn. relu（修正线性单元）。评价某个激活函数是否有用时，主要考虑以下两个因素：

- 函数是单调的，这样，输出便会随着输入的增长而增长，使利用梯度下降法寻找局部极值点成为可能。
- 函数是可微分的，保证该函数定义域内的任意一点上的导数都存在，使梯度下降法能够正常使用来自这类激活函数的输出。

4. 池化层

池化层在卷积层之后，它不会改变矩阵的深度，只会缩小矩阵的尺寸，减少全连接层中的参数，加快计算速度，提高性能，并且防止过拟合问题。与卷积层类似，池化层前向传播的过程是通过移动一个类似过滤器的结构完成的。池化层过滤器中的计算不是节点的加权和，而是使用更简单的最大值或者平均值计算。池化层使用最大值计算的操作称为最大池化层（max-pooling），使用平均值计算的操作称为平均池化层（mean-pooling），具体区别如图 5－7 所示。

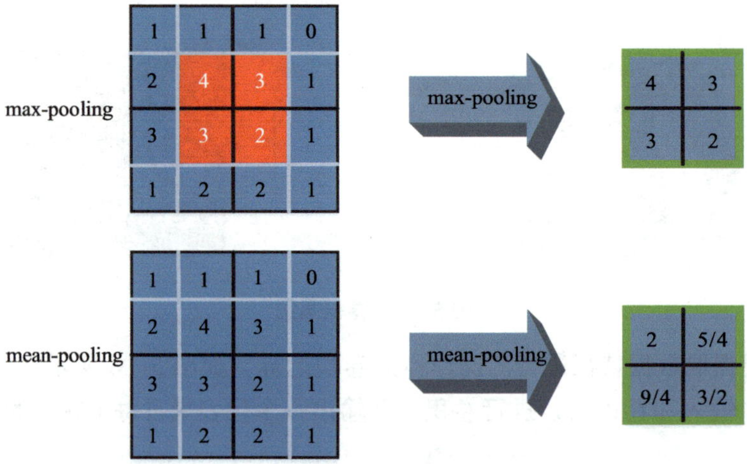

图 5－7　池化操作

图 5－7 中有一个 4×4 的平面，使用 2×2 的过滤器（步长为 2）进行池化。使用最大池化操作，过滤器筛选出每次中的最大数值；使用平均池化操作，过滤器将所有数据累加，求取平均值，作为池化特征结果。

最大池化通常使用 2×2 的卷积核，主要原因在于它是单个通路上能够实施的最小数量的降采样。若使用 1×1 的卷积核，则输出与输入相同。当整个卷积核都非常重要时，若需实现值的缩减，平均池化非常有效，如输入张量宽度和高度很大但深度很小的情况。

5. 全连接层

全连接层的每一个神经元都和上一层的所有神经元相连，主要通过激活函数实现预测分类，经过多次卷积层和池化层的处理后，数据中的信息已经抽象成了信息含量更高的特征。在卷积神经网络的最后，通常由 1～2 个全连接层完成分类任务。

任务实施

数据集介绍

猫狗分类

猫狗分类使用 CIFAR10 数据集。CIFAR10 数据集包含 60000 张32×32

像素的彩色图片，10 个类别，每个类别包含 6000 张图片。其中，50000 张图片作为训练集，10000 张图片作为验证集。

实验思路

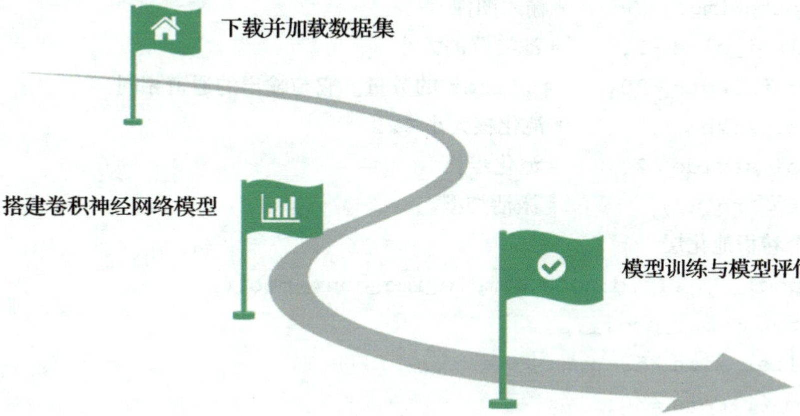

任务步骤

第一步：导入需要的包。代码如下：

```
#导入需要的包
import paddle as paddle
import paddle.fluid as fluid
import numpy as np
from PIL import Image
import matplotlib.pyplot as plt
import os
```

第二步：加载 CIFAR10 数据集。代码如下：

```
BATCH_SIZE = 128
#用于训练的数据提供器
train_reader = paddle.batch(
    paddle.reader.shuffle(paddle.dataset.cifar.train10(),
                          buf_size = BATCH_SIZE * 100),
    batch_size = BATCH_SIZE)
#用于测试的数据提供器
test_reader = paddle.batch(
    paddle.dataset.cifar.test10(),
    batch_size = BATCH_SIZE)
```

第三步：搭建卷积神经网络模型。代码如下：

```
def convolutional_neural_network(img):
    # 第一个卷积池化层
    conv_pool_1 = fluid.nets.simple_img_conv_pool(
        input = img,          # 输入图像
        filter_size =5,       # 滤波器的大小
        num_filters =20,      # filter 的数量。它与输出的通道相同
        pool_size =2,         # 池化核大小 2×2
        pool_stride =2,       # 池化步长
        act = "relu")         # 激活类型
    # 第二个卷积池化层
    conv_pool_2 = fluid.nets.simple_img_conv_pool(
        input = conv_pool_1,
        filter_size =5,
        num_filters =50,
        pool_size =2,
        pool_stride =2,
        act = "relu")
    # 以 softmax 为激活函数的全连接输出层,10 类数据输出 10 个数字
    prediction = fluid.layers.fc(input = conv_pool_2, size =10, act ='softmax')
    return prediction
```

第四步：定义输入数据和获取分类器。代码如下：

```
#定义输入数据
paddle.enable_static()
data_shape = [3, 32, 32]
images = fluid.layers.data(name ='images', shape = data_shape, dtype ='float32')
label = fluid.layers.data(name ='label', shape = [1], dtype ='int64')

# 获取分类器,用 CNN 进行分类
predict = convolutional_neural_network(images)
```

第五步：定义损失函数和准确率。代码如下：

```
# 获取损失函数和准确率
cost = fluid.layers.cross_entropy(input = predict, label = label) # 交叉熵
# 计算 cost 中所有元素的平均值
avg_cost = fluid.layers.mean(cost)
#使用输入和标签计算准确率
acc = fluid.layers.accuracy(input = predict, label = label)
```

第六步：使用 Adam 优化方法，同时指定学习率为 0.001。代码如下：

```
#定义优化方法
optimizer =fluid.optimizer.Adam(learning_rate=0.001)
optimizer.minimize(avg_cost)
print("完成")
```

第七步：定义 CPU 的环境，并创建 Executor。Executor 用于接收传入的 program，通过 run() 方法运行 program。代码如下：

```
place=fluid.CPUPlace()
exe=fluid.Executor(place)
exe.run(fluid.default_startup_program())
```

第八步：定义数据映射器，DataFeeder 负责将 reader（读取器）返回的数据转换成一种特殊的数据结构，使它们可以输入 Executor。代码如下：

```
feeder=fluid.DataFeeder( feed_list=[images, label],place=place)
```

第九步：定义绘制训练过程的损失值和准确率变化趋势的方法 draw_train_process()。代码如下：

```
iter=0
iters=[]
train_costs=[]
train_accs=[]
def draw_train_process(iters, train_costs, train_accs):
    title="training costs/training accs"
    plt.title(title, fontsize=24)
    plt.xlabel("iter", fontsize=14)
    plt.ylabel("cost/acc", fontsize=14)
    plt.plot(iters, train_costs, color='red', label='training costs')
    plt.plot(iters, train_accs, color='green', label='training accs')
    plt.legend()
    plt.grid()
    plt.show()
```

第十步：训练并保存模型。Pass 训练结束之后，再使用验证集进行验证，并打印出相应的损失值 cost 和准确率 acc。代码如下：

```
EPOCH_NUM=20
model_save_dir="/home/aistudio/data/catdog.inference.model"

for pass_id in range(EPOCH_NUM):
```

```
    # 开始训练
    train_cost = 0
    #遍历 train_reader 的迭代器,并为数据加上索引 batch_id
    for batch_id, data in enumerate(train_reader()):
        train_cost,train_acc =
exe.run(program = fluid.default_main_ program(),feed = feeder.feed(data),
fetch_list =[avg_cost, acc])
#每 100 次循环打印一次训练、进行一次测试
            if batch_id % 100  == 0:
            print('Pass:% d, Batch:% d, Cost:% 0.5f, Accuracy:% 0.5f' %
            (pass_id, batch_id, train_cost[0], train_acc[0]))
        iter = iter + BATCH_SIZE
        iters.append(iter)
        train_costs.append(train_cost[0])
            train_accs.append(train_acc[0])
# 开始测试
    test_costs = []
#测试的损失值
    test_accs = []
#测试的准确率
    for batch_id, data in enumerate(test_reader()):
        test_cost, test_acc = exe.run(program = fluid.default_main_program(),
#运行测试程序
        feed = feeder.feed(data),
        fetch_list =[avg_cost, acc])
        test_costs.append(test_cost[0])
        test_accs.append(test_acc[0])
    test_cost = (sum(test_costs) /len(test_costs))
    test_acc = (sum(test_accs) /len(test_accs))
    print('Test:% d, Cost:% 0.5f, ACC:% 0.5f' % (pass_id, test_cost, test_acc))
#保存模型
    if not os.path.exists(model_save_dir):
        os.makedirs(model_save_dir)
    fluid.io.save_inference_model(model_save_dir,
                                        ['images'],
                                        [predict],
                                        exe)
print('训练模型保存完成! ')
    draw_train_ process(iters, train_costs,train_accs)
```

第十一步：运行代码，会看到训练后的模型准确率，如图 5 - 8 所示。最后将训练完的模型进行保存。

```
Pass:19, Batch:0, Cost:0.53206, Accuracy:0.84375
Pass:19, Batch:100, Cost:0.66756, Accuracy:0.75781
Pass:19, Batch:200, Cost:0.74391, Accuracy:0.75000
Pass:19, Batch:300, Cost:0.60391, Accuracy:0.81250
Test:19, Cost:0.65309, ACC:0.77848
训练模型保存完成!
/opt/conda/envs/python35-paddle120-env/lib/python3.7/site-packages/matplotlib/cbook/__init_
  if isinstance(obj, collections.Iterator):
/opt/conda/envs/python35-paddle120-env/lib/python3.7/site-packages/matplotlib/cbook/__init_
  return list(data) if isinstance(data, collections.MappingView) else data
```

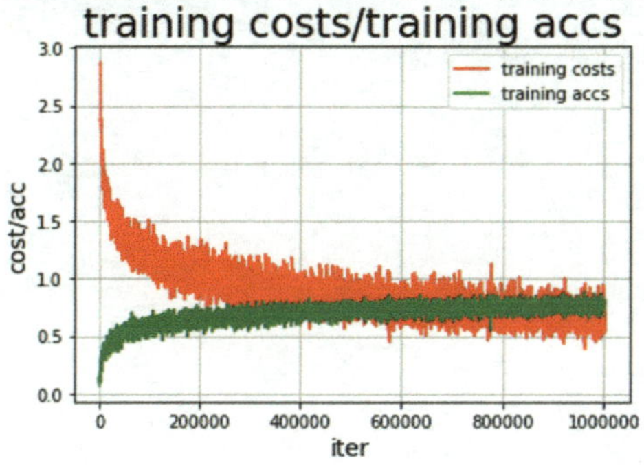


```
<Figure size 432x288 with 1 Axes>
```

图 5 - 8　训练完成后的模型准确率

任务小结

通过本任务的学习，读者应能够了解图像分类中数据集的概念及下载，能够搭建神经网络模型，并通过搭建的卷积神经网络模型来实现猫狗分类案例。同时，读者还应了解机器学习分类中的监督学习和非监督学习，以及卷积神经网络的概念及每一层的具体功能。本任务作为图形处理的快速入门案例，希望可以提升读者对图像处理的兴趣。

任务评价

通过学习本任务，查看自己是否掌握了以下技能，在技能检测表中标出已掌握的技能。

评价标准	自我评价（0~10 分）	小组评价（0~10 分）	教师评价（0~10 分）
是否熟悉机器学习分类			
是否掌握了卷积神经网络模型			
是否掌握数据集下载的方法			
是否能够搭建卷积神经网络模型			
是否能够对模型进行评估和保存			

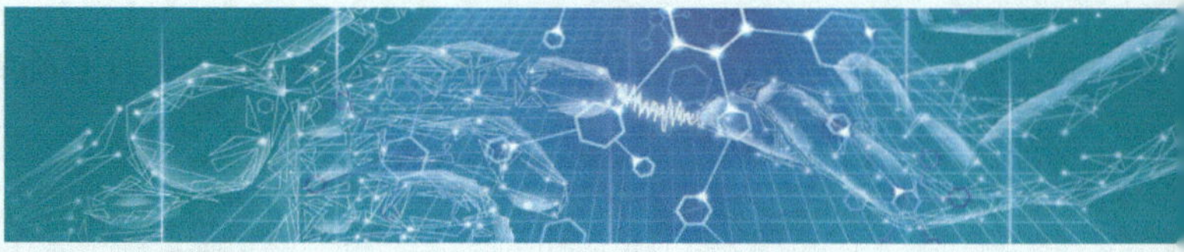

任务 6 LeNet 之眼疾识别

任务目标

知识目标

1） 了解 LeNet-5 模型

2） 了解 AlexNet 模型的特点

3） 掌握 VGGNet 模型

4） 熟悉 GoogleLeNet 的 Inception 结构

技能目标

1） 能够掌握适合 AlexNet 使用的场景

2） 能够理解 VGGNet 模型结构

3） 能够熟悉 GoogleLeNet 各个版本的区别

素质目标

1） 能够掌握各个卷积神经网络算法的优势

2） 能够动手使用卷积神经网络实现案例

3） 具有动手意识和团队意识

任务描述

在深度学习的发展史上，卷积神经网络具有举足轻重的地位，对提升计算机视觉的研究水平和实际性能起到了其他方法无可替代的作用。本任务通过使用 LeNet 实现眼疾识别模型案例，介绍了卷积神经网络的经典模型。

任务准备

卷积网络在本质上是一种输入到输出的映射，它能够学习大量的输入与输出之间的映射关系，而不需要任何输入和输出之间的精确的数学表达式，只要用已知的模式对卷积网络加以训练，网络就具有输入输出对之间的映射能力。本任务主要是使用 LeNet 实现眼疾识别的模型训练。

6.1 LeNet-5

1994 年，经过 Yann LeCun 等人的不断研究和多次成功迭代后，LeNet-5 卷积神经网络模型诞生了。该模型是最早的卷积神经网络模型之一，其诞生推动了深度学习领域的发展。

LeNet-5 模型主要用于图片识别。它的架构基于图像的特征分布在整个图像上，以及带有可学习参数的卷积，是一种用少量参数在多个位置上提取相似特征的有效方式。在研究过程中，由于设备简陋，CPU 的运行速度比较慢，也没有 GPU 帮助训练，因此取得的关键进展是能够保存参数以及计算过程。

LeNet-5 卷积神经网络利用卷积、参数共享、池化等操作提取特征，避免大量的计算成本，最后使用全连接神经网络进行分类识别。LeNet-5 共包含 7 层卷积网络（不包含输入层），结构如图 6－1 所示，输入的原始图像大小是 32×32 像素，卷积层使用 C 开头，池化层使用 S 开头，全连接层使用 F 开头。

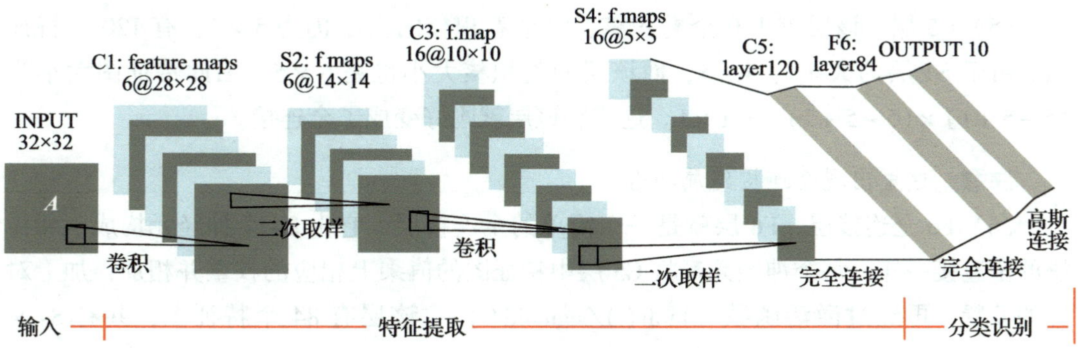

图 6－1　LeNet-5 卷积神经网络结构

使用 LeNet 神经网络的工作流程如下：

（1）C1 层　C1 层为卷积层，卷积核的数量为 6 个，卷积核的大小为 5×5 像素，输出结果大小为 28×28 像素，特征图大小是由每个卷积核（5×5 像素）与原始的输入图像进行卷积得到的，即 $(32-5+1)\times(32-5+1)=28\times28$。由于卷积核中的每个神经元均使用相同的参数，因此参数个数为 $(5\times5+1)\times6=156$，其中，5×5 为卷积核参数，1 为偏置参数。每层的连接数为每个卷积核参数×特征图大小，即 $(5\times5+1)\times6\times28\times28=122304$ 个连接数。

（2）S2 层　S2 层是一个池化层，主要作用是进行池化或特征降维，池化单元为 2×2像素，所以 6 个特征图的大小经过池化后变为 14×14 像素。与常见的池化不同，该模型中，池化单元之间没有重叠，在池化区域内进行聚合统计后得到新的特征值，相当于图像大小减半，因此卷积后的 28×28 图像经过 2×2 池化后就变为 14×14，而图像的个数没有改变。

（3）C3 层　C3 卷积层的计算方式和 C1 相同，得出 C3 层的特征图大小为（14－5＋1）×（14－5＋1）＝10×10，该层有 16 个卷积核，卷积模板大小为 5×5。与 C1 的最大区别是，C3 中每个特征图中的元素都会与 S2 层中若干个特征图中处于相同位置的 5×5 的区域相连，C3 与 S2 并不是全连接而是部分连接，有些 C3 连接到 S2 的 3 层，有些连接到 4 层，甚至达到 6 层，连接规则如图 6－2 所示。

	0	1	2	3	4	5	6	7	8	9	10	11	12	13	14	15
0	X				X	X	X			X	X	X	X		X	X
1	X	X				X	X	X			X	X	X	X		X
2	X	X	X				X	X	X			X		X	X	X
3		X	X	X			X	X	X	X			X		X	X
4			X	X	X			X	X	X	X		X	X		X
5				X	X	X			X	X	X	X		X	X	X

3　　4　　6

图 6－2　C3 层连接规则

（4）S4 层　S4 层与 S2 层类似，池化单元大小为 2×2，有 16 个特征图，每个大小为 5×5，输出为 16 个 5×5 的特征图。S4 层有 32 个可训练参数和 2000 个连接。

（5）C5 层　该层有 120 个卷积核，每个卷积核的大小仍为 5×5，有 120 个特征图。由于 S4 层的大小为 5×5，而该层的卷积核大小也是 5×5，因此特征图大小为（5－5＋1）×（5－5＋1）＝1×1。这样，该层就刚好变成了全连接。

注意：这里出现全连接纯属巧合。

（6）F6 全连接层　F6 层就是一个简单的全连接层，它由 84 个神经元构成。和传统的全连接一样，每个神经元都将 C5 层中特征图的值乘上相应的权重并相加，加上对应的偏置，再经过激活函数（tanh( )/sigmoid( )）。该层有 84 个特征图，共有 84×（120＋1）＝10164 个可训练的参数。

说明：84 个神经元源于输出层的设计，对应于 7×12 的比特图，其中，－1 表示白色，1 表示黑色，这样每个符号的比特图的黑白色就对应于一个编码，具体如图 6－3 所示。

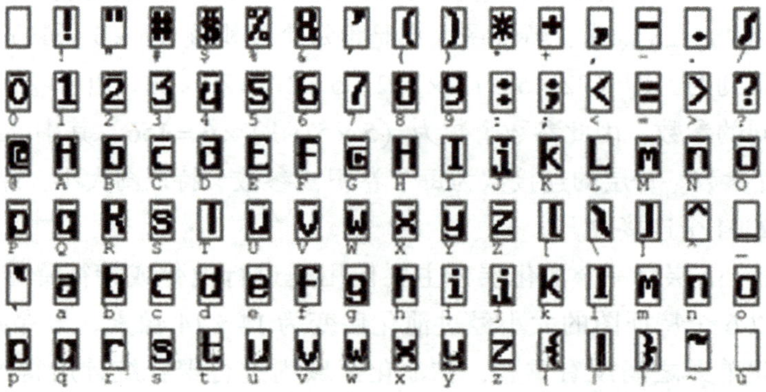

图 6－3　F6 全连接层符号的比特图

（7）OUTPUT 层　OUTPUT 层也称输出层，是一个全连接层，共有 10 个节点，分别代表数字 0～9。如果第 i 个节点的值为 0，就表示网络识别的结果是数字 i。

6.2 AlexNet

AlexNet 卷积神经网络自 2012 年诞生之后，带来深度学习的大爆发，使 CNN 成为图像识别分类的核心算法模型。AlexNet 在包含 1000 种类别的共 120 万张高分辨率图片的分类任务中，使用测试集对一张图片预测 5 个类别的错误率为 17%，对一张图片预测一个类别的错别率为 37.5%。该网络给当时的学术界和工业界带来了很大的冲击。

AlexNet 在 LeNet 的基础上加深了网络的结构，在使用过程中有以下特点：

- 有更深的网络结构。
- 使用卷积层 + 卷积层 + 池化层来提取图像的特征。
- 使用 Dropout 抑制过拟合。
- 使用 ReLU 替换之前的 sigmoid 作为激活函数。
- 能够支持多 GPU 训练。

AlexNet 网络结构如图 6－4 所示。

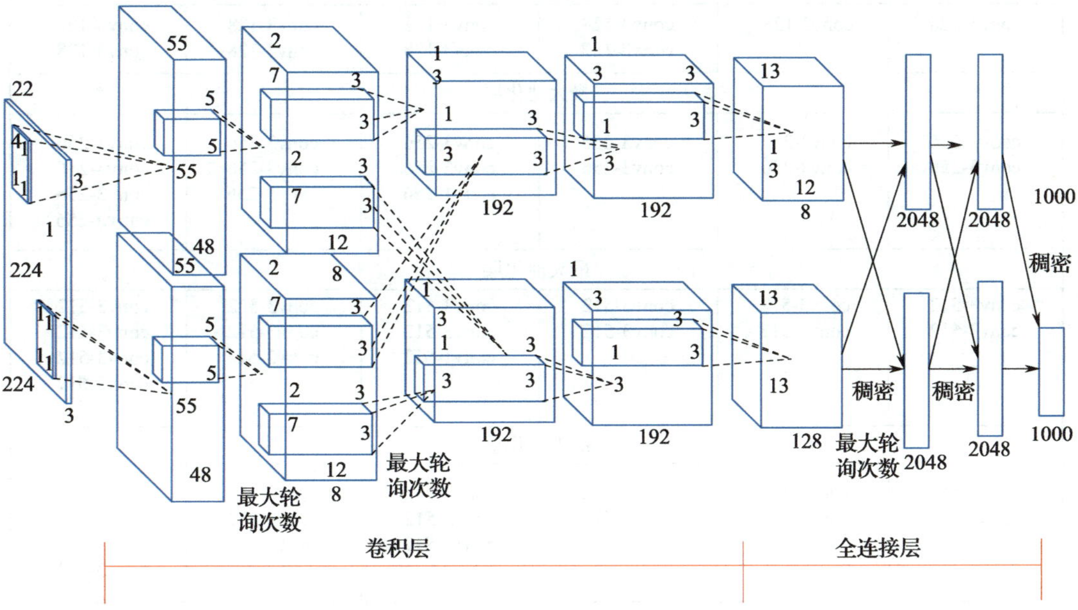

图 6－4　AlexNet 网络结构

AlexNet 网络结构共包含 8 层，前面 5 层是卷积层，后面 3 层是全连接层，采用两个 GPU 进行训练，结构图由上、下两部分组成，一个 GPU 运行图上方的层，另一个运行图下方的层，两个 GPU 只在特定的层通信。例如，第 2、4、5 层卷积层的核只和同一个 GPU 上的前一层的核特征图相连，第 3 层卷积层和第 2 层所有的核特征图相连接，全连接层中的神经元和前一层中的所有神经元相连接。

6.3 VGGNet

VGGNet 是由 Google DeepMind 公司和牛津大学一起研发的深度卷积神经网络，主要用来提取图像的特征，成功构建了 16～19 层的卷积神经网络。VGGNet 中全部使用 3×3的卷积核和 2×2 的池化层，通过不断加深网络结构来提升性能。VGG 的系列模型结构如图 6－5 所示。在模型结构中，深度从 11～19 层。VGGNet 把网络分成 5 段，每段都把多个 3×3 的卷积网络串联在一起，每段卷积后面都接一个最大池化层，最后是 3 个全连接层和 1 个激活层。

ConvNet 配置					
A	A-LRN	B	C	D	E
11 weight layers	11 weight layers	13 weight layers	16 weight layers	16 weight layers	19 weight layers
输入（224×224 RGB图像）					
conv3-64	conv3-64 **LRN**	conv3-64 **conv3-64**	conv3-64 conv3-64	conv3-64 conv3-64	conv3-64 conv3-64
最大池化层					
conv3-128	conv3-128	conv3-128 **conv3-128**	conv3-128 conv3-128	conv3-128 conv3-128	conv3-128 conv3-128
最大池化层					
conv3-256 conv3-256	conv3-256 conv3-256	conv3-256 conv3-256	conv3-256 conv3-256 **conv1-256**	conv3-256 conv3-256 **conv3-256**	conv3-256 conv3-256 conv3-256 **conv3-256**
最大池化层					
conv3-512 conv3-512	conv3-512 conv3-512	conv3-512 conv3-512	conv3-512 conv3-512 **conv1-512**	conv3-512 conv3-512 **conv3-512**	conv3-512 conv3-512 conv3-512 **conv3-512**
最大池化层					
conv3-512 conv3-512	conv3-512 conv3-512	conv3-512 conv3-512	conv3-512 conv3-512 **conv1-512**	conv3-512 conv3-512 **conv3-512**	conv3-512 conv3-512 conv3-512 **conv3-512**
最大池化层					
FC-4096					
FC-4096					
FC-1000					
soft-max					

图 6－5　VGG 的系列模型结构

使用 VGGNet 模型结构形象地展示图片识别的过程如图 6－6 所示，可以看到，包含卷积层、全连接层和输出层。一般输入的图像为 224×224 像素。

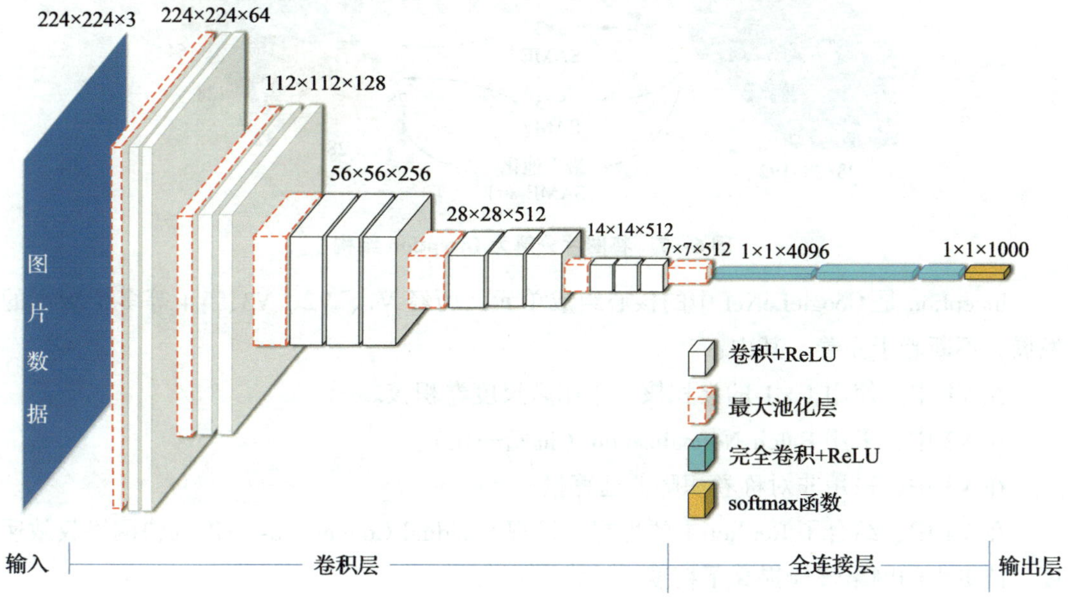

图 6－6 使用 VGGNet 模型结构的图片识别过程

在使用过程中，VGGNet 的训练过程比 AlexNet 收敛得快一些，主要是因为 VGGNet 使用的卷积核小，网络结构深，在特定的层中使用了预训练得到的数据进行参数的初始化，同时引入 1×1 的卷积核，在不影响输入和输出维度的情况下引入非线性变换，增加网络的表达能力，降低计算量。

6.4 GoogleLeNet

GoogleLeNet 是一款网络架构简洁的神经网络，是 2014 年 ImageNet 中 ILSVRC14 竞赛的冠军，是一个有 22 层深度的网络。在该模型中，提出了一种 Inception 结构。取名为 GoogleLeNet 是为了向 CNN 网络的开山鼻祖 LeNet 致敬。

Inception 结构是一种将多个卷积操作或者池化操作放在一起而组成的网络模块。在设计神经网络时，以模块为单元去组装整个网络结构，其目的是将稀疏矩阵聚类为较为密集的子矩阵来提高计算性能，从而增加神经网络的表现，同时保证计算资源的有效性。如图 6－7 所示，将图片分解为 Inception 结构，也就是将图像进行不同程度的采样，用网络代替人工决定使用 1×1、3×3、5×5 中的哪种卷积核以及是否需要最大池化层，由网络自动寻找适合的结构。同时，节省计算，提取更为丰富的特征，Inception 结构正好满足了这样的需求，因而获得了更好的表现。

图 6－7 中，SAME 表示使用 SAME 的填充规则。

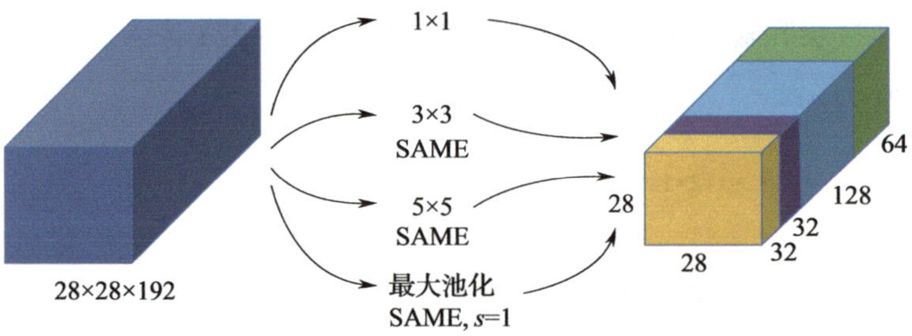

图 6-7　将图片分解为 Inception 结构

Inception 是 GoogleLeNet 中的核心组成单元，历经 V1、V2、V3、V4 等多个版本的发展，不断趋于完善。其中：

在 V1 中，使用 1 ×1 的卷积核，采用多尺度卷积核。

在 V2 中，采用 Batch Normalization（批归一化）。

在 V3 中，采用非对称卷积降低运算量。

在 V4 中，结合了 ResNet 中的思想，发现 Residual Connections 只能加快网络收敛速度，使更大的网络规模提高了精度。

任务实施

数据集介绍

眼疾识别

如今，近视已经成为困扰人们健康的一项全球性负担。在近视人群中，有超过 35% 的人患有重度近视。近视会拉长眼睛的光轴，也可能引起视网膜或者脉络膜的病变。随着近视度数的不断加深，高度近视有可能引发病理性病变，这将会导致以下几种症状：视网膜或者脉络膜发生退化、视盘区域萎缩、漆裂样纹损害、Fuchs 斑等。因此，灵活地将科学技术运用到生活中，及早发现近视患者眼睛的病变并进行治疗，显得非常重要。

iChallenge - PM 是百度大脑和中山大学中山眼科中心联合举办的 iChallenge 比赛中提供的关于病理性近视（Pathologic Myopia，PM）的医疗类数据集，包含 1200 个受试者的眼底视网膜图片，训练数据集、验证数据集和测试数据集中各 400 张。数据集中包含了以下文件：

- training. zip：包含训练中的图片和标签。
- validation. zip：包含验证集的图片。
- valid_gt. zip：包含验证集的标签。

注意：valid _ gt. zip 文件解压缩之后，需要将/home/aistudio/work/palm/PALM-Validation-GT/目录下的 PM_Label_and_Fovea_Location. xlsx 文件转存成 . csv 文件。

实验思路

任务步骤

第一步：打开 AI Studio 平台，创建项目并导入所需要的眼疾识别的数据集，如图 6－8 所示。

单击“创建”按钮，即可创建眼疾识别项目。

第二步：进入 AI Studio 的编辑区，此时会看到眼疾识别数据集已在项目文档中，如图 6－9 所示。

图 6－8　创建项目并导入数据集

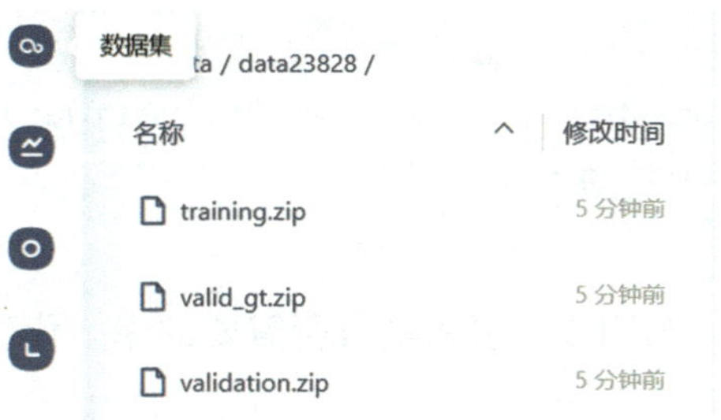

图 6－9　AI Studio 编辑区中的眼疾识别数据集

使用以下代码对文件进行解压，运行代码，部分解压缩效果如图 6－10 所示。

```
! unzip data/data23828/training.zip -d work/
! unzip data/data23828/valid_gt.zip -d work/
! unzip data/data23828/validation.zip -d work/
```

```
inflating: work/PALM-Validation-GT/Disc_Masks/V0061.bmp
inflating: work/PALM-Validation-GT/Disc_Masks/V0064.bmp
inflating: work/PALM-Validation-GT/Disc_Masks/V0065.bmp
inflating: work/PALM-Validation-GT/Disc_Masks/V0066.bmp
inflating: work/PALM-Validation-GT/Disc_Masks/V0068.bmp
inflating: work/PALM-Validation-GT/Disc_Masks/V0069.bmp
inflating: work/PALM-Validation-GT/Disc_Masks/V0070.bmp
inflating: work/PALM-Validation-GT/Disc_Masks/V0071.bmp
inflating: work/PALM-Validation-GT/Disc_Masks/V0072.bmp
inflating: work/PALM-Validation-GT/Disc_Masks/V0073.bmp
inflating: work/PALM-Validation-GT/Disc_Masks/V0075.bmp
inflating: work/PALM-Validation-GT/Disc_Masks/V0076.bmp
inflating: work/PALM-Validation-GT/Disc_Masks/V0077.bmp
inflating: work/PALM-Validation-GT/Disc_Masks/V0078.bmp
inflating: work/PALM-Validation-GT/Disc_Masks/V0079.bmp
inflating: work/PALM-Validation-GT/Disc_Masks/V0080.bmp
```

图 6-10 将文件解压缩后的部分效果

第三步：数据集中的表格文件是.xlsx 文件，需要转换成.csv 文件进行使用。代码如下：

```
import pandas as pd
import xlrd
import csv
data_xls = pd.read_excel(
'/home/aistudio/work/PALM-Validation-GT/PM_Label_and_Fovea_Location.xlsx
', index_col=0
)
data_xls.to_csv(
'/home/aistudio/work/PALM-Validation-GT/PM_Label_and_Fovea_Location.csv',
encoding='utf-8'
)
```

第四步：引入项目所需要的库。代码如下：

```
import cv2
import os
import random
import numpy as np
import paddle.fluid as fluid
from paddle.fluid.dygraph.nn import Conv2D, Pool2D, Linear
```

第五步：对数据集进行处理。代码如下：

```
def transform_img(img):
    img = cv2.resize(img, (224, 224))
    img = np.transpose(img, (2, 0, 1))
    img = img.astype('float32')
    img = img /255.
    img = img * 2.0 - 1.0
    return img


def data_loader(datadir, batch_size =10, mode ='train'):
    filenames = os.listdir(datadir)

    def reader():
        if mode == 'train':
            random.shuffle(filenames)
        batch_imgs = []
        batch_labels = []
        for name in filenames:
            filepath = os.path.join(datadir, name)
            img = cv2.imread(filepath)
            img = transform_img(img)
            if name[0] == 'H':
                label = 0
            elif name[0] == 'N':
                label = 0
            elif name[0] == 'P':
                label = 1
            else:
                print('Not excepted file name')
                print(name[0])
                exit(-1)
            batch_imgs.append(img)
            batch_labels.append(label)
            if len(batch_imgs) == batch_size:
                imgs_array = np.array(batch_imgs).astype('float32')
                labels_array = np.array(batch_labels).astype('float32').
                    reshape(-1, 1)
                yield imgs_array, labels_array
                batch_imgs = []
                batch_labels = []
        if len(batch_imgs) >0:
            imgs_array = np.array(batch_imgs).astype('float32')
            labels_array = np.array(batch_labels).astype('float32').reshape
                (-1, 1)
            yield imgs_array, labels_array

    return reader
```

```
def valid_data_loader(datadir, csvfile, batch_size=10, mode='valid'):
    filelists=open(csvfile).readlines()

    def reader():
        batch_imgs=[]
        batch_labels=[]
        for line in filelists[1:]:
            line=line.strip().split(',')
            name=line[1]
            label=int(line[2])
            filepath=os.path.join(datadir, name)
            img=cv2.imread(filepath)
            img=transform_img(img)
            batch_imgs.append(img)
            batch_labels.append(label)
            if len(batch_imgs) == batch_size:
                imgs_array=np.array(batch_imgs).astype('float32')
                labels_array=np.array(batch_labels).astype('float32').
                    reshape(-1, 1)
                yield imgs_array, labels_array
                batch_imgs=[]
                batch_labels=[]
        if len(batch_imgs) >0:
            imgs_array=np.array(batch_imgs).astype('float32')
            labels_array=np.array(batch_labels).astype('float32').reshape
                (-1, 1)
            yield imgs_array, labels_array

    return reader


DATADIR='work/PALM-Training400/PALM-Training400'
DATADIR2='work/PALM-Validation400'
CSCVFILE='work/PALM-Validation-GT/PM_Label_and_Fovea_Location.csv'
```

第六步：定义 LeNet 的网络结构。代码如下：

```
class LeNet(fluid.dygraph.Layer):
    def __init__(self, name_scope, num_classes=1):
        super(LeNet, self).__init__(name_scope)

        self.conv1=Conv2D(num_channels=3,
```

```
                         num_filters = 6,
                         filter_size = 5,
                         act = 'sigmoid')
        self.pool1 = Pool2D(pool_size = 2, pool_stride = 2, pool_type = 'max')
        self.conv2 = Conv2D(num_channels = 6,
                         num_filters = 16,
                         filter_size = 5,
                         act = 'sigmoid')
        self.pool2 = Pool2D(pool_size = 2, pool_stride = 2, pool_type = 'max')
        self.conv3 = Conv2D(num_channels = 16,
                         num_filters = 120,
                         filter_size = 4,
                         act = 'sigmoid')
        self.fc1 = Linear(input_dim = 300000, output_dim = 64, act = 'sigmoid')
        self.fc2 = Linear(input_dim = 64, output_dim = num_classes)

    def forward(self, x):
        x = self.conv1(x)
        x = self.pool1(x)
        x = self.conv2(x)
        x = self.pool2(x)
        x = self.conv3(x)
        x = fluid.layers.reshape(x, [x.shape[0], -1])
        x = self.fc1(x)
        x = self.fc2(x)
        return x
```

第七步：定义 AlexNet 网络结构。代码如下：

```
class AlexNet(fluid.dygraph.Layer):
    def __init__(self, name_scope, num_classes = 1):
        super(AlexNet, self).__init__(name_scope)
        name_scope = self.full_name
        self.conv1 = Conv2D(num_channels = 3,
                         num_filters = 96,
                         filter_size = 11,
                         stride = 4,
                         padding = 5,
                         act = 'relu')
        self.pool1 = Pool2D(pool_size = 2, pool_stride = 2, pool_type = 'max')
        self.conv2 = Conv2D(num_channels = 96,
                         num_filters = 256,
```

```
                    filter_size=5,
                    stride=1,
                    padding=2,
                    act='relu')
    self.pool2 = Pool2D(pool_size=2, pool_stride=2, pool_type='max')
    self.conv3 = Conv2D(num_channels=256,
                    num_filters=384,
                    filter_size=3,
                    stride=1,
                    padding=1,
                    act='relu')
    self.conv4 = Conv2D(num_channels=384,
                    num_filters=384,
                    filter_size=3,
                    stride=1,
                    padding=1,
                    act='relu')
    self.conv5 = Conv2D(num_channels=384,
                    num_filters=256,
                    filter_size=3,
                    stride=1,
                    padding=1,
                    act='relu')
    self.pool5 = Pool2D(pool_size=2, pool_stride=2, pool_type='max')

    self.fc1 = Linear(input_dim=12544, output_dim=4096, act='relu')
    self.drop_ratio1 = 0.5
    self.fc2 = Linear(input_dim=4096, output_dim=4096, act='relu')
    self.drop_ratio2 = 0.5
    self.fc3 = Linear(input_dim=4096, output_dim=num_classes)

def forward(self, x):
    x = self.conv1(x)
    x = self.pool1(x)
    x = self.conv2(x)
    x = self.pool2(x)
    x = self.conv3(x)
    x = self.conv4(x)
    x = self.conv5(x)
    x = self.pool5(x)
    x = fluid.layers.reshape(x, [x.shape[0], -1])
    x = self.fc1(x)
```

```
        x = fluid.layers.dropout(x, self.drop_ratio1)
        x = self.fc2(x)
        x = fluid.layers.dropout(x, self.drop_ratio2)
        x = self.fc3(x)
        return x
```

第八步：定义训练过程。代码如下：

```
def train(model):
    with fluid.dygraph.guard():
        print("---- start training ----")
        model.train()
        epoch_num = 10
        opt = fluid.optimizer.Momentum(learning_rate = 0.001,
                                       momentum = 0.9,
                                       parameter_list = model.parameters())
        train_loader = data_loader(DATADIR, batch_size = 10, mode = 'train')
        valid_loader = valid_data_loader(DATADIR2, CSCVFILE)
        for epoch in range(epoch_num):
            for batch_id, data in enumerate(train_loader()):
                x_data, y_data = data
                img = fluid.dygraph.to_variable(x_data)
                label = fluid.dygraph.to_variable(y_data)
                logits = model(img)
                loss = fluid.layers.sigmoid_cross_entropy_with_logits
                    (logits, label)
                avg_loss = fluid.layers.mean(loss)

                if batch_id % 10 == 0:
                    print("epoch: {}, batch_id: {}, loss is: {}".format
                        (epoch, batch_id, avg_loss.numpy()))
                avg_loss.backward()
                opt.minimize(avg_loss)
                model.clear_gradients()

            model.eval()
            accuracies = []
            losses = []
            for batch_id, data in enumerate(valid_loader()):
                x_data, y_data = data
                img = fluid.dygraph.to_variable(x_data)
                label = fluid.dygraph.to_variable(y_data)
```

```
            logits = model(img)
            pred = fluid.layers.sigmoid(logits)
            loss = fluid.layers.sigmoid_cross_entropy_with_logits
                (logits, label)
            pred2 = pred * ( -1.0) +1.0
            pred = fluid.layers.concat([pred2, pred], axis =1)
            acc = fluid.layers.accuracy(pred, fluid.layers.
                cast(label, dtype ='int64'))
            accuracies.append(acc.numpy())
            losses.append(loss.numpy())
        print("[validation accuracy/loss: {}/{}]".format
            (np.mean(accuracies), np.mean(losses)))
        model.train()
    fluid.save_dygraph(model.state_dict(),'./result/iChallengePM')
    fluid.save_dygraph(opt.state_dict(),'./result/iChallengePM')
```

第九步：使用模型进行训练，此时可以使用定义的 LeNet 模型或 AlexNet 模型。代码如下：

```
if __name__ == "__main__":
    with fluid.dygraph.guard():
        #model = LeNet("LeNet")
        model = AlexNet("AlexNet")
    train(model)
```

运行代码，结果如图 6 - 11 所示。

```
---- start training ----
epoch: 0, batch_id: 0, loss is: [0.7631323]
epoch: 0, batch_id: 10, loss is: [0.82985723]
epoch: 0, batch_id: 20, loss is: [0.62231183]
epoch: 0, batch_id: 30, loss is: [0.79648197]
[validation accuracy/loss: 0.8549998998641968/0.5654899477958679]
epoch: 1, batch_id: 0, loss is: [0.53302133]
epoch: 1, batch_id: 10, loss is: [0.5662477]
epoch: 1, batch_id: 20, loss is: [0.5232628]
epoch: 1, batch_id: 30, loss is: [0.36994368]
[validation accuracy/loss: 0.7950000166893005/0.4383995831012726]
epoch: 2, batch_id: 0, loss is: [0.324363]
epoch: 2, batch_id: 10, loss is: [0.42988896]
epoch: 2, batch_id: 20, loss is: [0.54044604]
epoch: 2, batch_id: 30, loss is: [0.20604949]
[validation accuracy/loss: 0.9350000619888306/0.19815212488174438]
```

图 6 - 11　对模型进行训练的结果

任务小结

通过本任务的学习，读者应能够了解 LeNet-5 的主要用途，并能通过定义 LeNet 与 AlexNet 网络结构来完成眼疾识别模型训练。同时，读者还应了解 LeNet-5、AlexNet、VGGNet、GoogleLeNet 的具体功能。本任务作为卷积神经网络的快速入门案例，希望可以提升读者对模型训练的兴趣。

任务评价

通过学习本任务，查看自己是否掌握了以下技能，在技能检测表中标出已掌握的技能。

评价标准	自我评价（0~10 分）	小组评价（0~10 分）	教师评价（0~10 分）
是否熟悉卷积神经网络的概念			
是否掌握了卷积神经网络的经典模型			
是否能够使用卷积神经网络经典模型完成深度学习的探索			

任务 7 RNN 实现谣言检测

任务目标

知识目标

1）了解什么是循环神经网络
2）了解什么是长短时记忆神经网络
3）掌握 LSTM 模型的使用

技能目标

1）能够对模型进行训练与评估
2）能够创建序列化表示的数据

素质目标

1）能够动手使用循环神经网络模型
2）具有动手意识和团队意识

任务描述

循环神经网络（Recurrent Neural Network，RNN）是一种不同于一般前馈神经网络的特殊神经网络。本任务通过使用循环神经网络与 LSTM 实现谣言检测模型，介绍了循环神经网络模型与 LSTM，并搭建了循环神经网络模型，完成谣言检测案例。

任务准备

循环神经网络对具有序列特性的数据非常有效，它能挖掘数据中的时序信息以及语义信息。利用循环神经网络的这种能力，深度学习模型在解决语音识别、语言模型、机器翻译以及时序分析等自然语言处理领域的问题时会有所突破。本任务使用的数据是从新浪微博不实信息举报平台抓取的中文谣言数据，用于完成一个谣言检测任务。

7.1 循环神经网络

循环神经网络是一种对时间序列显示建模的神经网络，主要对文本语义和时序信息进行处理和预测，通常情况下与自然语言处理相互结合使用。循环神经网络包含输入层、隐藏层和输出层，结构如图 7－1 所示。

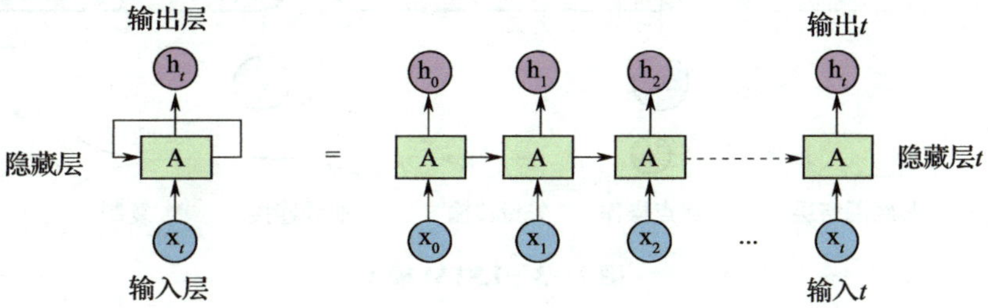

图 7－1 循环神经网络结构

循环神经网络在网络模型中引入定性循环，使信号从一个神经元传递到另一个神经元且不会马上消失。循环神经网络隐藏层的输入不仅包括上一层输出，还包括上一时刻该隐藏层的输出。例如，要预测文本中某个单词的下一个单词或字母是什么，会用到之前的单词，这时就需要循环神经网络。在生活中，循环神经网络多用于市场趋势分析、语义分析、文本语义鉴别等。

以语言翻译为例，若需要翻译语句 ABCD，那么循环神经网络的第一段每一个时刻的输入就分别是 A、B、C 和 D，用“ _ ”作为待翻译语句的结束符。在第一段中，循环神经网络只有输入，没有输出，从结束符“ _ ”开始，循环神经网络进入翻译阶段，此时每一个时刻的输入是上一个时刻的输出，最终得到的输出 XYZ 就是语句 ABCD 翻译的结果，翻译输出结束符“ _ ”时表示翻译结束。循环神经网络实现的简单机器翻译模型如图 7－2 所示。

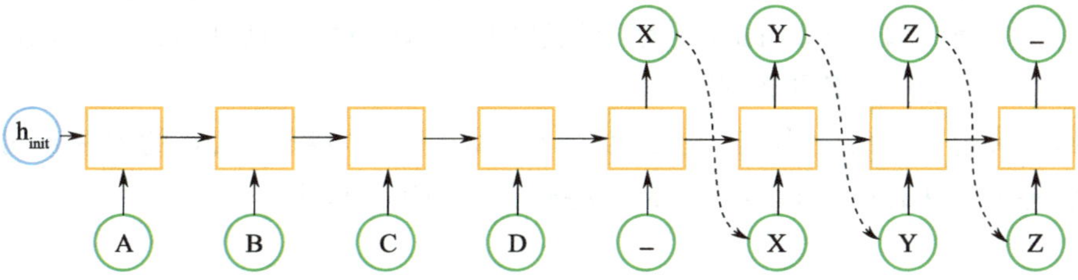

图 7－2 循环神经网络实现的简单机器翻译模型

7.2 LSTM 模型

长短时记忆（Long Short Term Memory，LSTM）神经网络是循环神经网络的一个变体，能够有效地解决长期依赖问题/梯度消失问题。LSTM 模型如图 7－3 所示。

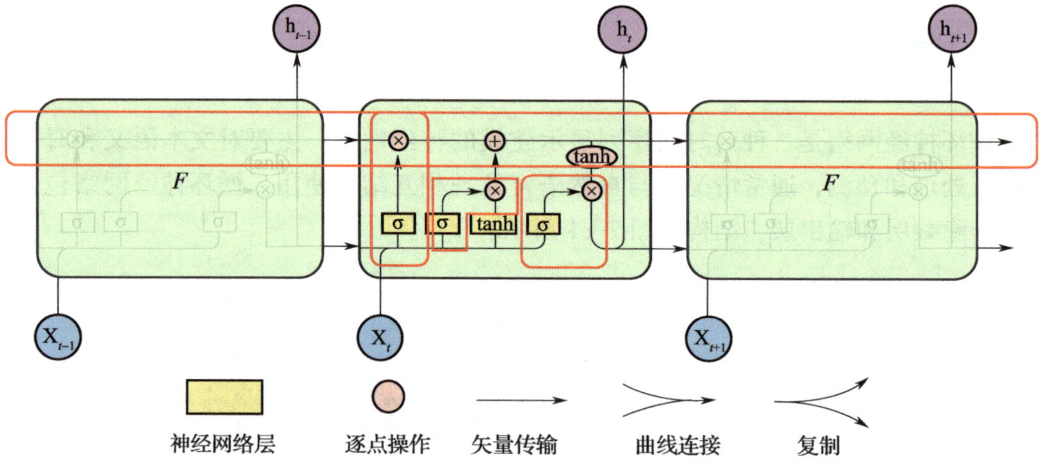

图 7-3　LSTM 模型

LSTM 模型的关键是引入了一组记忆单元（Memory Units），允许网络可以学习何时遗忘历史信息，何时用新信息更新记忆单元。在时刻 t 时，记忆单元记录了到当前时刻为止的所有历史信息，并受 3 个“门”控制：遗忘门、输入门和输出门。3 个门的元素的值在 [0，1] 之间。其核心为记忆（细胞状态）和门机制。

门（Gate）是一种可选地让信息通过的方式。它由一个 Sigmoid 神经网络层和一个点乘法运算组成。Sigmoid 神经网络层输出 0～1 之间的数字，这个数字描述每个组件有多少信息可以通过，0 表示不通过任何信息，1 表示全部通过。门的形式如图 7-4 所示。

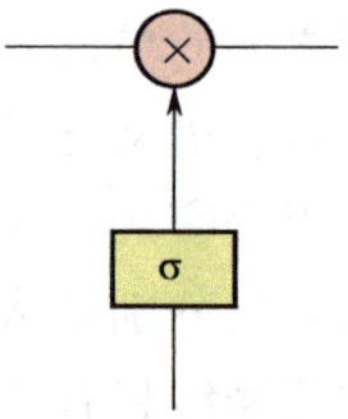

图 7-4　门的形式

遗忘门是决定从细胞状态中丢弃什么信息，同时查看 h_{t-1}（前一个隐藏状态）和 x_t（当前输入状态），并为上一个状态中的每个数字输出 0～1 之间的数字，其中，1 表示完全保留，0 表示彻底删除。

输入门决定要在细胞状态中存储的信息。在输入过程中，首先经过 Sigmoid 层，该层决定了将更新的值，之后 tanh 层创建候选向量，该向量会被加到细胞的状态中，最终结合这两个向量来创建更新值。

输出门决定要输出的内容，首先使用 Sigmoid 层决定细胞状态的哪一部分需要输出，然后将细胞状态通过 tanh 层，最后将两者相乘作为输出。

任务实施

数据集介绍

传统的谣言检测模型一般根据谣言的内容、用户属性、传播方式人工构造特征，而人工构建特征存在考虑片面、浪费人力等现象。这里使用基于循环神经网络（RNN）的谣言检测模型，将文本中的谣言事件向量化，通过循环神经网络的学习训练来挖掘表示文本深层的特征，避免了特征构建的问题，并能发现那些不容易被人发现的特征，从而产生更好的效果。

这里所使用的数据是从新浪微博不实信息举报平台抓取的中文谣言数据，数据集中共包含 1538 条谣言和 1849 条非谣言。

实验思路

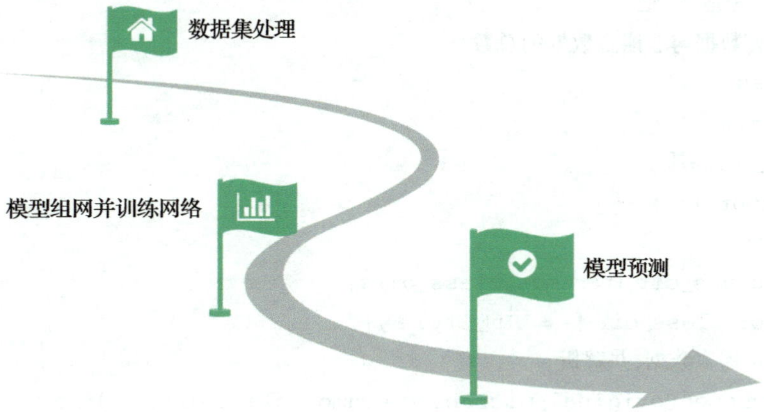

任务步骤

第一步：解压原始数据，将 Rumor_Dataset. zip 解压至 data 目录下。代码如下：

```
import zipfile
import os
import random
from PIL import Image
from PIL import ImageEnhance
import json
src_path = "/home/aistudio/data/data20519/Rumor_Dataset.zip"
target_path = "/home/aistudio/data/Chinese_Rumor_Dataset-master"
if(not os.path.isdir(target_path)):
    z = zipfile.ZipFile(src_path,'r')
    z.extractall(path = target_path)
    z.close()
```

第二步：定义谣言数据、非谣言数据、全部数据的文件路径并进行分析。代码如下：

```
rumor_class_dirs =
os.listdir(target_path + "/Chinese_Rumor_Dataset-master/CED_Dataset/rumor-
repost/")
non_rumor_class_dirs =
os.listdir(target_path + "/Chinese_Rumor_Dataset-master/CED_Dataset/non-
rumor-repost/")
```

```
original_microblog =
target_path + "/ Chinese _Rumor _Dataset - master/ CED _Dataset /original -
microblog/"
#谣言标签为0,非谣言标签为1
rumor_label = "0"
non_rumor_label = "1"
#分别统计谣言数据与非谣言数据的总数
rumor_num = 0
non_rumor_num = 0
all_rumor_list = []
all_non_rumor_list = []
#解析谣言数据
for rumor_class_dir in rumor_class_dirs:
    if(rumor_class_dir ! = '.DS_Store'):
        #遍历谣言数据,并解析
        with open(original_microblog + rumor_class_dir,'r') as f:
            rumor_content = f.read()
        rumor_dict = json.loads(rumor_content)
        all_rumor_list.append(rumor_label + "\t" + rumor_dict["text"] + "\n")
        rumor_num + =1
#解析非谣言数据
for non_rumor_class_dir in non_rumor_class_dirs:
    if(non_rumor_class_dir ! = '.DS_Store'):
        with open(original_microblog + non_rumor_class_dir,'r') as f2:
            non_rumor_content = f2.read()
        non_rumor_dict = json.loads(non_rumor_content)
        all_non_rumor_list.append(non_rumor_label + "\t" + non_rumor_dict["text"]
+ "\n")
        non_rumor_num + =1
print("谣言数据总量为:" + str(rumor_num))
print("非谣言数据总量为:" + str(non_rumor_num))
```

运行代码，结果如图 7－5 所示。

```
谣言数据总量为：1538
非谣言数据总量为：1849
```

图 7－5 数据集中谣言数据和非谣言数据的数量

第三步：全部数据进行乱序后写入 all_data. txt。代码如下：

```
data_list_path = "/home/aistudio/data/"
all_data_path = data_list_path + "all_data.txt"
all_data_list = all_rumor_list + all_non_rumor_list # 正负样本列表相加
random.shuffle(all_data_list)  # 打乱 list
#在生成 all_data.txt 之前,首先将其清空
with open(all_data_path,'w') as f:
    f.seek(0)
    f.truncate()
    with open(all_data_path,'a') as f:
    for data in all_data_list: # 按行写入,一行一个样本
        f.write(data)
```

第四步：导入相关的包。代码如下：

```
% matplotlib inline
import os
from multiprocessing import cpu_count
import numpy as np
import shutil
import paddle
import paddle.fluid as fluid
from PIL import Image
import matplotlib.pyplot as plt
from matplotlib.font_manager import FontProperties
font = FontProperties(fname = 'simhei.ttf', size = 16)
```

第五步：生成数据字典。代码如下：

```
def create_dict(data_path, dict_path):
    dict_set = set()  # 创建一个无序不重复元素集
    # 读取全部数据
    with open(data_path, 'r', encoding = 'utf - 8') as f:
        lines = f.readlines()
    # with open('data/test_lines.txt', 'w', encoding = 'utf - 8') as f:
    # f.write(str(lines))
    #print(lines)
    # 把数据生成一个元组
    for line in lines:
        content = line.split('\t')[ -1].replace('\n', '')
        # 以 \t 为分隔符,取最后一段。去掉每一行的换行符
        # print(line,content)
        for s in content:
            dict_set.add(s)
            # print(s,dict_set)  #将每一个字加入一个无序不重复元素集中(元组)
```

```
    #把集合转换成字典,一个字对应一个数字
    dict_list = []
    i = 0
    for s in dict_set:
        dict_list.append([s, i])
        i += 1
    #print(dict_list)
    #添加未知字符
    dict_txt = dict(dict_list) # list 转换为字典
    end_dict = {"<unk>": i}
    dict_txt.update(end_dict)
    #把这些字典保存到本地
    with open(dict_path, 'w', encoding='utf-8') as f:
        f.write(str(dict_txt))
    print("数据字典生成完成!")
#获取字典的长度
def get_dict_len(dict_path):
    with open(dict_path, 'r', encoding='utf-8') as f:
        line = eval(f.readlines()[0])
    return len(line.keys())
create_dict('data/all_data.txt','data/dict.txt')
get_dict_len('data/dict.txt')
```

第六步：创建序列化表示的数据，并按照一定比例划分训练数据与验证数据。代码如下：

```
def create_data_list(data_list_path):
    #在生成数据之前,首先将 eval_list.txt 和 train_list.txt 清空
    with open(os.path.join(data_list_path, 'eval_list.txt'), 'w', encoding='
utf-8') as f_eval:
        f_eval.seek(0)
        f_eval.truncate()
         with open(os.path.join(data_list_path, 'train_list.txt'), 'w',
encoding='utf-8') as f_train:
        f_train.seek(0)
        f_train.truncate()
        with open(os.path.join(data_list_path, 'dict.txt'), 'r', encoding='
utf-8') as f_data:
        dict_txt = eval(f_data.readlines()[0])
    #print(dict_txt)
    with open(os.path.join(data_list_path, 'all_data.txt'), 'r', encoding='
utf-8') as f_data:
        lines = f_data.readlines()
```

```
    # print(lines)
    i = 0
    with open(os.path.join(data_list_path, 'eval_list.txt'), 'a', encoding = 'utf -8') as f_eval,open(os.path.join(data_list_path, 'train_list.txt'),'a', encoding = 'utf -8') as f_train:
        for line in lines:
            # print(line)
            words = line.split('\t')[ -1].replace('\n', '')
            label = line.split('\t')[0]
            labs = ""
            if i % 8 == 0:
                for s in words:
                    lab = str(dict_txt[s])
                    labs = labs + lab + ','
                labs = labs[: -1]
                labs = labs + '\t' + label + '\n'
                f_eval.write(labs)
            else:
                for s in words:
                    lab = str(dict_txt[s])
                    labs = labs + lab + ','
                labs = labs[: -1]
                labs = labs + '\t' + label + '\n'
                f_train.write(labs)
            i + = 1
print("数据列表生成完成!")
create_data_list('/home/aistudio/data/')
```

第七步：创建数据字典和数据列表。代码如下：

```
dict_path = data_list_path + "dict.txt"
#创建数据字典,存放位置为 dict.txt
with open(dict_path, 'w') as f:
    f.seek(0)
    f.truncate()
create_dict(all_data_path, dict_path)
#创建数据列表,存放位置为 train_list.txt eval_list.txt
create_data_list(data_list_path)
```

第八步：定义数据读取器。代码如下：

```
def data_mapper(sample):
    data, label = sample
    data = [int(data) for data in data.split(',')]
    return data, int(label)
def data_reader(data_path):
    def reader():
        with open(data_path,'r') as f:
            lines = f.readlines()
            for line in lines:
                data, label = line.split('\t')
                yield data, label
    return paddle.reader.xmap_readers(data_mapper, reader, cpu_count(), 1024)
```

第九步：获取训练数据读取器和测试数据读取器，设置超参数。代码如下：

```
BATCH_SIZE = 256
train_list_path = data_list_path + 'train_list.txt'
eval_list_path = data_list_path + 'eval_list.txt'
train_reader = paddle.batch(
        reader = data_reader(train_list_path),
        batch_size = BATCH_SIZE)
eval_reader = paddle.batch(
        reader = data_reader(eval_list_path),
        batch_size = BATCH_SIZE)
```

第十步：搭建循环神经网络。代码如下：

```
def rnn_net(ipt, input_dim): #循环神经网络
    # 以数据的 ID 作为输入
    emb = fluid.layers.embedding(input = ipt, size = [input_dim, 128], is_sparse = True)
    drnn = fluid.layers.DynamicRNN()
    with drnn.block():
        # 将 embedding 标记为 RNN 的输入,每个时间步取句子中的一个字进行处理
        word = drnn.step_input(emb)
        # 将 memory 初始化为一个值为 0 的常量 Tensor,shape = [batch_size, 200],其中 batch_size 由输入 embedding 决定
        memory = drnn.memory(shape = [200])
        hidden = fluid.layers.fc(input = [word, memory], size = 200, act = 'relu')
        # 用 hidden 更新 memory
        drnn.update_memory(ex_mem = memory, new_mem = hidden)
        # 将 hidden 标记为 RNN 的输出
```

```
    drnn.output(hidden)
  # 最大序列池操作
  fc = fluid.layers.sequence_pool(input = drnn(), pool_type = 'max')
  # 以 softmax 作为全连接的输出层,大小为 2,也就是正负面
  out = fluid.layers.fc(input = fc, size = 2, act = 'softmax')
  return out
```

第十一步：搭建 LSTM 网络。代码如下：

```
def lstm_net(ipt, input_dim): # 长短期记忆网络
  # 以数据的 ID 作为输入
  emb = fluid.layers.embedding(input = ipt, size = [input_dim, 128], is_
sparse = True)
  # 第一个全连接层
  fc1 = fluid.layers.fc(input = emb, size = 128)
  # 进行一个 LSTM 操作
  lstm1 = fluid.layers.dynamic_lstm(input = fc1,size = 128) #返回"隐藏状态",
LSTM 的神经元状态, size = 4 * hidden_size
  # 第一个最大序列池操作
  fc2 = fluid.layers.sequence_pool(input = fc1, pool_type = 'max')
  # 第二个最大序列池操作
  lstm2 = fluid.layers.sequence_pool(input = lstm1, pool_type = 'max')
  # 以 softmax 作为全连接的输出层,大小为 2,也就是正负面
  out = fluid.layers.fc(input = [fc2, lstm2], size = 2, act = 'softmax')
  return out
```

第十二步：定义数据层。代码如下：

```
# 定义输入数据。lod_level 不为 0,指定输入数据为序列数据
paddle.enable_static()
words = fluid.data(name = 'words', shape = [None,1], dtype = 'int64', lod_level = 1)
label = fluid.data(name = 'label', shape = [None,1], dtype = 'int64')
```

第十三步：获取分类器。代码如下：

```
# 获取数据字典长度
dict_dim = get_dict_len(dict_path)
# 获取分类器
# model = rnn_net(words, dict_dim)
model = lstm_net(words, dict_dim)
```

第十四步：定义损失函数和准确率。代码如下：

```
# 获取损失函数和准确率
cost = fluid.layers.cross_entropy(input = model, label = label)
avg_cost = fluid.layers.mean(cost)
acc = fluid.layers.accuracy(input = model, label = label)
# 获取预测程序
test_program = fluid.default_main_program().clone(for_test = True)
```

第十五步：定义优化方法。代码如下：

```
optimizer = fluid.optimizer.AdagradOptimizer(learning_rate = 0.001)
opt = optimizer.minimize(avg_cost)
```

第十六步：创建 Executor。代码如下：

```
# use_cuda 为 False,表示运算场所为 CPU;use_cuda 为 True,表示运算场所为 GPU
use_cuda = True
place = fluid.CUDAPlace(0) if use_cuda else fluid.CPUPlace()
exe = fluid.Executor(place)
# 进行参数初始化
exe.run(fluid.default_startup_program())
```

第十七步：定义数据映射器。DataFeeder 负责将数据提供器（train_reader，test_reader）返回的数据转换成一种特殊的数据结构，使其可以输入 Executor 中。feed_list 设置向模型输入的向变量表或者变量表名。代码如下：

```
# 定义数据映射器
feeder = fluid.DataFeeder(place = place, feed_list = [words, label])
```

第十八步：展示模型训练曲线。代码如下：

```
all_train_iter = 0
all_train_iters = []
all_train_costs = []
all_train_accs = []
all_eval_iter = 0
all_eval_iters = []
all_eval_costs = []
all_eval_accs = []
def draw_process(title,iters,costs,accs,label_cost,lable_acc):
    plt.title(title, fontsize = 24)
    plt.xlabel("iter", fontsize = 20)
    plt.ylabel("cost/acc", fontsize = 20)
    plt.plot(iters, costs,color = 'red',label = label_cost)
    plt.plot(iters, accs,color = 'green',label = lable_acc)
    plt.legend()
    plt.grid()
    plt.show()
```

第十九步：训练并保存模型。Executor 接收传入的 program，并根据 feed map（输入映射表）和 fetch_list（结果获取表）向 program 中添加 feed operators（数据输入算子）和 fetch operators（结果获取算子）。feed map 为该 program 提供输入数据。fetch_list 提供 program 训练结束后用户预期的变量。代码如下：

```
EPOCH_NUM = 20                                          #训练轮数
model_save_dir = '/home/aistudio/work/infer_model/' #模型保存路径
#开始训练
for pass_id in range(EPOCH_NUM):
    #进行训练
    print('epoch:',int(pass_id) +1)
    for batch_id, data in enumerate(train_reader()):
        train_cost, train_acc = exe.run(program = fluid.default_main_program(),
                                    feed = feeder.feed(data),
                                    fetch_list =[avg_cost, acc])
        all_train_iter = all_train_iter + BATCH_SIZE
        all_train_iters.append(all_train_iter)
        all_train_costs.append(train_cost[0])
        all_train_accs.append(train_acc[0])
            if batch_id % 10  == 0:
            print('Pass:% d, Batch:% d, Cost:% 0.5f, Acc:% 0.5f' %  (pass_id,
batch_id, train_cost[0], train_acc[0]))
    #进行验证
    eval_costs = []
    eval_accs = []
    for batch_id, data in enumerate(eval_reader()):
        eval_cost, eval_acc = exe.run(program = test_program,
                                              feed = feeder.feed(data),
                                              fetch_list =[avg_cost, acc])
        eval_costs.append(eval_cost[0])
        eval_accs.append(eval_acc[0])
        all_eval_iter = all_eval_iter + BATCH_SIZE
        all_eval_iters.append(all_eval_iter)
        all_eval_costs.append(eval_cost[0])
        all_eval_accs.append(eval_acc[0])
    #计算平均预测损失率和准确率
    eval_cost = (sum(eval_costs) /len(eval_costs))
    eval_acc = (sum(eval_accs) /len(eval_accs))
    print('Test:% d, Cost:% 0.5f, ACC:% 0.5f' %  (pass_id, eval_cost, eval_acc))
#保存模型
if not os.path.exists(model_save_dir):
```

```
    os.makedirs(model_save_dir)
fluid.io.save_inference_model(model_save_dir,
                              feeded_var_names = [words.name],
                              target_vars = [model],
                              executor = exe)
print('训练模型保存完成！')
draw_process("train",all_train_iters,all_train_costs,all_train_accs,"
trainning cost","trainning acc")
draw_process("eval",all_eval_iters,all_eval_costs,all_eval_accs,"evaling
cost","evaling acc")
```

训练模型结果如图 7－6 所示。

```
Pass:15, Batch:0, Cost:0.47742, Acc:0.85156
Pass:15, Batch:10, Cost:0.45791, Acc:0.89844
Test:15, Cost:0.50501, ACC:0.82394
epoch: 17
Pass:16, Batch:0, Cost:0.46781, Acc:0.85938
Pass:16, Batch:10, Cost:0.45186, Acc:0.89844
Test:16, Cost:0.49864, ACC:0.82394
epoch: 18
Pass:17, Batch:0, Cost:0.45989, Acc:0.86328
Pass:17, Batch:10, Cost:0.44218, Acc:0.89453
Test:17, Cost:0.49238, ACC:0.82292
epoch: 19
Pass:18, Batch:0, Cost:0.45258, Acc:0.85938
Pass:18, Batch:10, Cost:0.43367, Acc:0.89453
Test:18, Cost:0.48672, ACC:0.82487
epoch: 20
Pass:19, Batch:0, Cost:0.44533, Acc:0.85547
Pass:19, Batch:10, Cost:0.42680, Acc:0.89453
Test:19, Cost:0.48060, ACC:0.82096
训练模型保存完成！
```

图 7－6　训练模型结果

损失和预测结果图如图 7－7 所示。

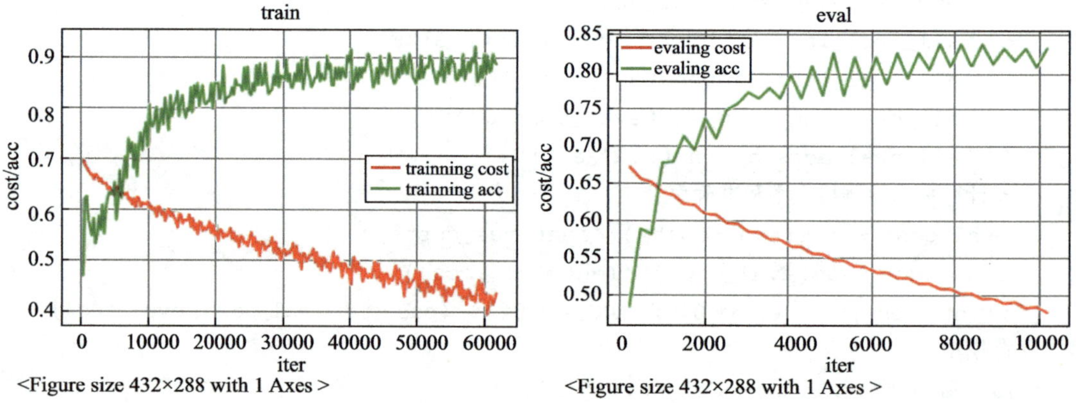

图 7－7　损失和预测结果图

第二十步：模型预测。代码如下：

```
#用训练好的模型进行预测并输出预测结果
#创建执行器
place = fluid.CPUPlace()
infer_exe = fluid.Executor(place)
infer_exe.run(fluid.default_startup_program())
save_path = '/home/aistudio/work/infer_model/'
#从模型中获取预测程序、输入数据名称列表、分类器
[infer_program, feeded_var_names, target_var] = fluid.io.load_inference_
model(dirname = save_path, executor = infer_exe)
#获取数据
def get_data(sentence):
    #读取数据字典
    with open('/home/aistudio/data/dict.txt','r', encoding ='utf-8') as f_data:
        dict_txt = eval(f_data.readlines()[0])
    dict_txt = dict(dict_txt)
    #把字符串数据转换成列表数据
    keys = dict_txt.keys()
    data = []
    for s in sentence:
        #判断是否存在未知字符
        if not s in keys:
            s ='<unk>'
        data.append(int(dict_txt[s]))
    return data
data = []
#获取图片数据
data1 = get_data('@尾熊C要提前预习育儿知识的话,建议看一些小巫写的书,嘻嘻')
data.append(data1)
#获取每句话的单词数量
base_shape = [[len(c) for c in data]]
#生成预测数据
tensor_words = fluid.create_lod_tensor(data, base_shape, place)
#执行预测
result = exe.run(program = infer_program,
                 feed = {feeded_var_names[0]: tensor_words},
                 fetch_list = target_var)
#分类名称
names = ['谣言', '非谣言']
#获取结果概率最大的label
for i in range(len(data)):
    lab = np.argsort(result)[0][i][-1]
    print('预测结果标签为:%d, 分类为:%s, 概率为:%f' % (lab, names[lab], result
[0][i][lab]))
```

运行代码，结果如图 7－8 所示。

预测结果标签为：1， 分类为：非谣言， 概率为：0.577661

图 7－8 谣言预测结果

任务小结

通过本任务的学习，读者应能够了解循环神经网络与 LSTM 的概念，能够搭建循环神经网络模型，并通过搭建的循环神经网络模型与 LSTM 来实现谣言预测案例。同时，读者应了解机器学习分类中循环神经网络的结构与 LSTM 的门概念。本任务作为深度学习的快速入门案例，希望可以提升读者对神经网络模型的兴趣。

任务评价

通过学习本任务，查看自己是否掌握了以下技能，在技能检测表中标出已掌握的技能。

评价标准	自我评价（0~10 分）	小组评价（0~10 分）	教师评价（0~10 分）
是否了解什么是循环神经网络			
是否了解循环神经网络和卷积神经网络的区别			
是否掌握 LSTM 模型			
是否能够使用 LSTM 模型			
是否能够实现谣言的检测			

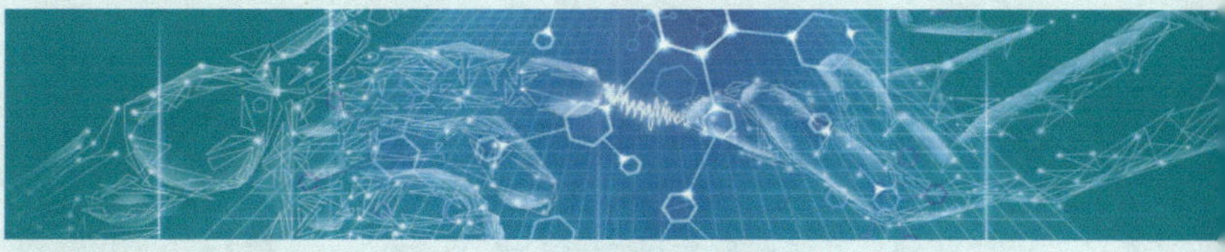

任务 8 GRU 电影评论情感分析

任务目标

知识目标

1）掌握自然语言处理的概念

2）了解自然语言处理的发展历程

3）了解自然语言处理的应用

4）掌握词向量 Word2Vec 的概念

5）熟悉门控循环单元神经网络

技能目标

1）能够获取 GRU 电影评论数据集

2）能够对 GRU 电影评论使用的数据集进行数据处理

3）能够使用自然语言处理实现 GRU 电影评论情感分析案例

素质目标

1）能够动手使用门控循环单元神经网络

2）具有动手意识和团队意识

任务描述

自然语言处理是人工智能领域中的一个重要方向。本任务介绍了自然语言处理的概念和词向量 Word2Vec 的使用，并介绍了门控循环单元神经网络与自然语言处理，最终完成电影评论情感分析。

任务准备

在实现 GRU 电影评论情感分析的过程中，首先要了解自然语言处理的基本概念，然后根据门控循环单元神经网络的使用来完成 GRU 电影评论情感分析。

8.1 自然语言处理

1. 自然语言处理概述

自然语言处理（Natural Language Processing，NLP）是人工智能的一个重要领域和方向，主要研究人与计算机之间相互通信的理论和方法。换句话说，计算机通过用户以自然语言数据作为输入，在内部通过定义的算法进行加工和处理，从而返回用户所期望得到的结果。

自然语言处理主要包括两大核心任务，即自然语言理解（Natural Language Understanding，NLU）与自然语言生成（Natural Language Generation，NLG）。其中，自然语言理解主要解决的问题是理解自然语言是如何组织起来传输信息的，人是如何从一连串的语言符号中获取信息的，即通过语法、语义、语用的分析，将自然语言文本转换成机器可以理解的语义表示。自然语言生成主要解决的问题是如何让计算机具有与人一样的对自然语言的运用能力，即计算机根据某些关键信息以及它们在机器内部的表达形式，经过规划后自动地生成能够为人类理解的质量较高的自然语言文本。

2. 自然语言处理发展历程

自然语言处理的发展大致可以分为 4 个阶段，即萌芽期、快速发展期、低谷发展期和复兴融合期，如图 8－1 所示。

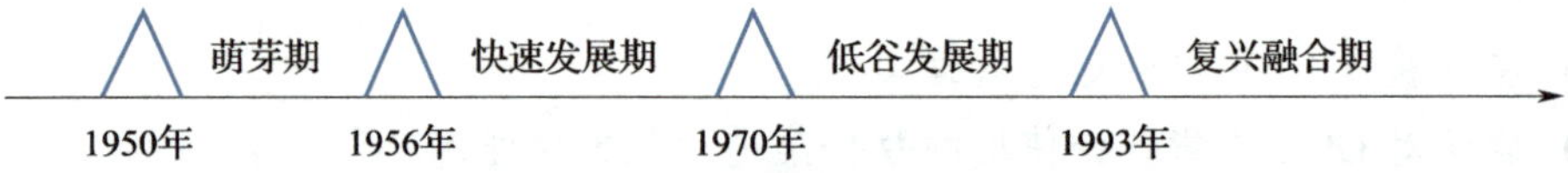

图 8－1　自然语言处理发展的四个阶段

（1）萌芽期　大多数人认为，自然语言处理的研究是在 1950 年前后兴起的，而将 1956 年前的时期称为自然语言处理的萌芽期。在这个过程中，科学家经过二战的洗礼开始思考自然语言处理和计算之间的关系，其中最重要的“图灵测试”就是在这个时期提出来的。萌芽期进行了一些重要的基础性研究工作，如表 8－1 所示。

表 8－1　萌芽期一些重要的基础性研究

时间	人物及机构	研究内容
1946 年	Köenig 等	声谱研究
1948 年	C. E. Shannon	离散马尔可夫过程的概率模型应用于描述语言的自动机
1952 年	Bell 实验室	语音识别系统
20 世纪 50 年代初	S. C. Kleene	有限自动机和正则表达式的相关研究
1956 年	N. Chomsky	提出了上下文无关语法应用于自然语言处理，促进了基于规则和基于统计两种不同的自然语言处理技术的产生

（2）快速发展期　1957—1970 年期间为自然语言处理的快速发展期。这一时期，自然语言处理很快融入了人工智能领域的研究，大量的自然语言研究工作都聚焦从语言学角度分析自然语言的词法、句法等结构信息，并通过总结这些结构之间的规则达到处理和使用自然语言的目的。

快速发展期的研究主要分为基于规则和基于概率两种方式。此时出现了两大阵营，分别是基于规则方法的符号派和基于概率方法的随机派。符号派主要研究形式语言理论和生成句法，随机派主要基于贝叶斯方法的统计学进行升级网络的研究。

（3）低谷发展期　1971—1993 年为自然语言处理的低谷发展期。由于计算机语料库中的信息有限，自然语言处理的理论和技术没有进展，欧共体、美国、苏联等先后进行了巨大的资金投入，却没有让自然语言处理得到实质性的创新与突破，此阶段相对之前的发展称为低谷发展期。

（4）复兴融合期　1994 年至今称为自然语言处理的复兴融合期。在这一时期，自然语言处理领域具有两个鲜明的特征，分别是大规模性和真实可用性。大规模性意味着计算机对自然语言的处理有了更深的层次要求，对文本信息的输入和处理不再是单一或片段语句；真实可用性强调计算机输出的文本处理内容在“丰富度”方面的要求，提高了计算机在自然语言处理结果中所包含信息的可利用程度，最终达到对自然语言文本进行自动检索、自动提取重要信息并进行自动摘要的要求。

进入 21 世纪，机器学习兴起，更大的语料库和性能更好的硬件使得大量机器学习模型被广泛使用，自然语言处理迎来了持续的发展与繁荣。2010 年以后，随着语料库规模和硬件算力的持续提升，神经网络复兴。神经网络作为统计模型的一种，由于硬件算力和数据量的限制，之前一直未能得到广泛应用。

3. 自然语言处理应用

随着人工智能的不断发展，自然语言处理技术在各领域也得到了广泛的应用，比如常用的搜索引擎、机器翻译、个性化推荐系统等，都是以自然语言为核心实现的互联网产品和人工智能产品。

（1）搜索引擎　人们每天都在享受着搜索引擎带来的便捷，比如使用百度搜索“阴历”，搜索引擎即会自动将今天的阴历日期进行显示，无须写明“今天是阴历的哪一天”。或者，当使用百度或其他搜索引擎搜索某个关键词时，输入几个字符后，就会显示可能的搜索词。还有，当人们不小心输入错误关键字，搜索引擎会更正它们，并找到需要的相关结果，如图 8－2 所示。

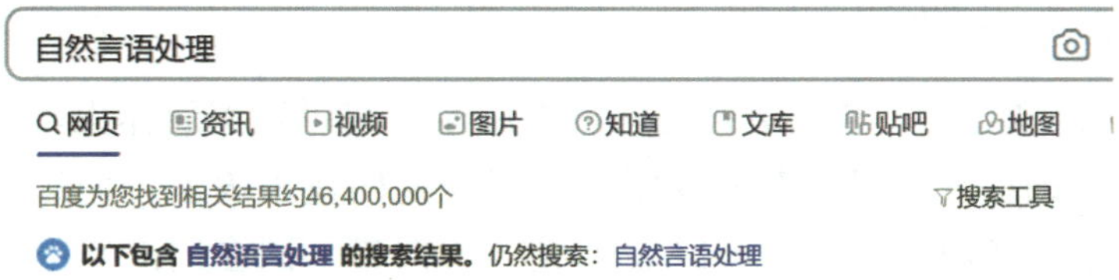

图 8－2　搜索引擎自动更正搜索关键字

搜索引擎并非一开始就这么智能，这些贴心的服务和自然语言处理技术的不断发展是分不开的，其中运用了词义消歧、指代消解、句法分析等自然语言处理技术。

（2）机器翻译　翻译就是把一种语言文字的意义用另一种语言文字表达出来。那么机器翻译，顾名思义，就是由机器来完成这样的工作。百度翻译等类似的应用可查找特定单词或短语在英语或其他语言中的含义，这背后的技术就是机器翻译，示例如图 8-3 所示。

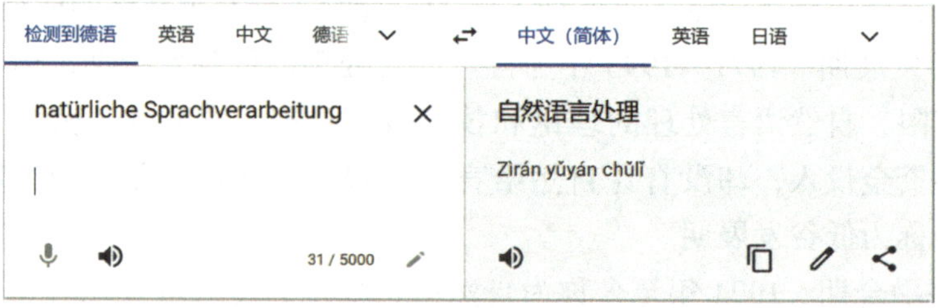

图 8-3　机器翻译示例

（3）个性化推荐系统　推荐系统依赖于数据、算法、人机交互等环节的相互配合。自然语言处理利用大数据和历史行为记录，借助数据挖掘、信息检索和计算统计学等技术，能够学习出用户的兴趣爱好，预测出用户对特定物品的偏好，实现对用户意图的精准理解，同时对语言进行匹配计算，实现精准匹配。

例如，在新闻服务领域，通过分析用户的阅读内容、阅读时长、评论情况、使用的社交网络甚至是使用的移动设备型号等，综合分析用户所关注的信息源及核心词汇，并进行专业的细化分析，从而完成个性化的新闻推送，提升用户黏性。图 8-4 所示为某新闻软件的个性化推荐设置按钮。

图 8-4　某新闻软件的个性化推荐设置按钮

8.2 词向量 Word2Vec

1. Word2Vec 模型简介

Word2Vec 出现之前，自然语言处理是将任何一门语言都看作由若干词汇组成，所有的词构成一个词汇表。词汇表可以用一个很长的向量来表示。词的个数就是词汇表向量的维度。那么任何一个词都可以表示成一个向量，词在词汇表中出现的位置设置为 1，其他的位置设置为 0，但是这种词向量的表示是通常将字符转换成离散的单独符号，词和词之间没有交集。这种特征编码方式称为“One-Hot Encoder”。

Word2Vec（Word Embedding）的中文名称为“词向量”或“词嵌套”，是表示自然语言中单词的一种方法，即把每个词都表示为一个 N 维空间内的点，也就是一个高维空间内的向量。通过这种方法，实现把自然语言计算转换为向量计算。

其基本思想是将自然语言中的每一个词都转换为以向量 vec 的形式（指学习一个映射 f，它可以将单词变成向量表示：$vec = f(word)$）表达，通常词汇表的维数多于向量 vec 维数，这样能以更加高效的方式表示单词。

在图 8－5 所示的词向量计算示意图中，先把每个词（如 queen、king 等）都转换成一个高维空间的向量，再通过计算这些向量之间的距离，计算出词语之间的关联关系，从而达到让计算机像计算数值一样去计算自然语言的目的。

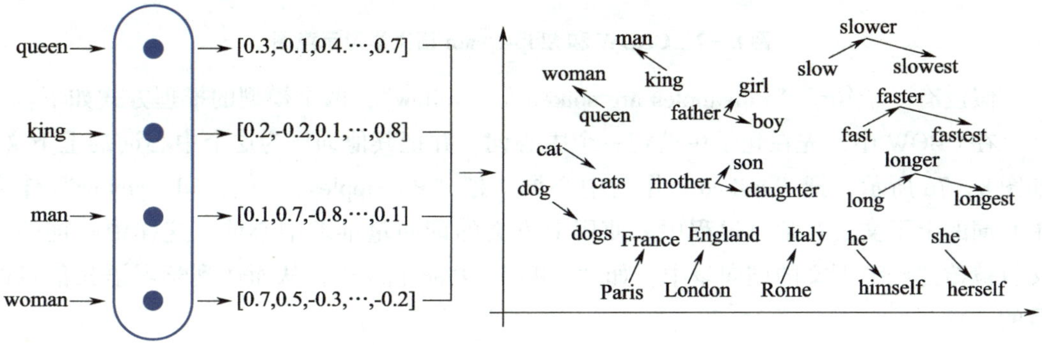

图 8－5　词向量计算示意图

Word2Vec 是一种可以从原始语料中学习字词空间向量的预测模型。Word2Vec 分为 CBOW（Continuous Bag-of-Words）和 Skip-Gram 两种模式，其中，CBOW 使用一个词的上下文作为输入来预测词本身，Skip-Gram 使用一个词语作为输入来预测它的上下文词。图 8－6a 所示为 CBOW 模型，图 8－6b 为 Skip-Gram 模型。

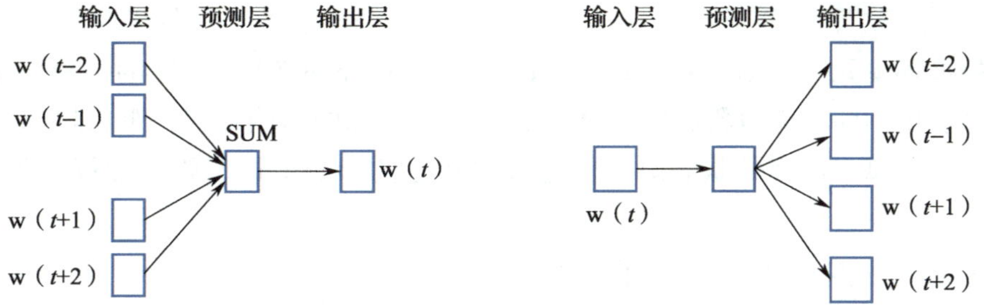

a）CBOW模型　　　　b）Skip-Gram模型

图 8－6　Word2Vec 模型

说明：CBOW 与神经网络语言模型类似，不同之处在于隐藏层的计算方法，一个是向量串联，一个是按位累加。

Skip-Gram 中的隐藏层是输入的直接投影，共享给输出层的每一个神经元。

CBOW 和 Skip-Gram 语义学习示意图如图 8－7 所示。

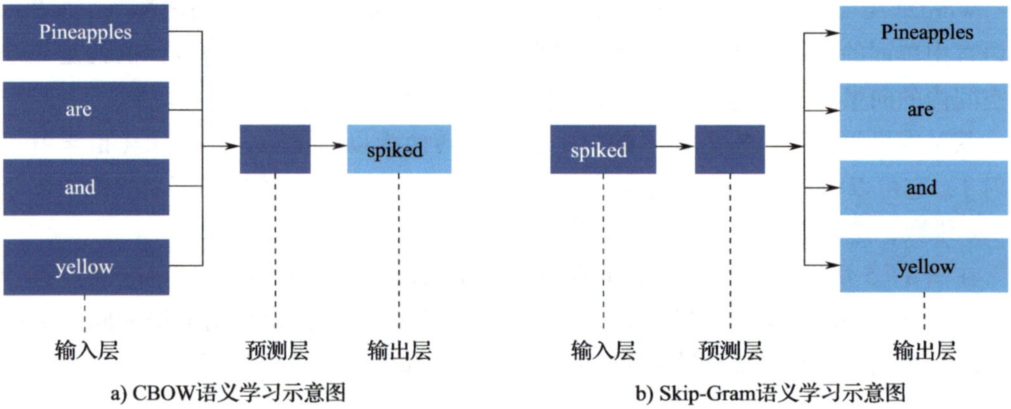

图 8－7　CBOW 和 Skip-Gram 语义学习示意图

假设有一个句子“Pineapples are spiked and yellow”，两个模型的推理方式如下：

在 CBOW 中，先在句子中选定一个中心词，并把其他词作为这个中心词的上下文。如图 8－7a 所示，把“spiked”作为中心词，把“Pineapples、are、and、yellow”作为中心词的上下文。在学习过程中，使用上下文的词向量推理中心词，这样中心词的语义就被传递到上下文的词向量中，如“spiked→Pineapples”，从而达到学习语义信息的目的。

在 Skip-Gram 中，同样先选定一个中心词，并把其他词作为这个中心词的上下文。如图 8－7b 所示，把“spiked”作为中心词，把“Pineapples、are、and、yellow”作为中心词的上下文。不同的是，在学习过程中，使用中心词的词向量去推理上下文，这样上下文定义的语义就被传入中心词的表示中，如“Pineapples→spiked”，从而达到学习语义信息的目的。

2. 门控循环单元神经网络

门控循环单元（Gated Recurrent Unit，GRU）神经网络是 LSTM 的一种变体。GRU 中，隐藏层中不同距离的数据信息对当前隐藏层状态的影响不同，距离越远，影响越小，也就是在每个前面的状态对当前隐藏层状态的影响上进行距离加权，距离越远，权值越小。

GRU 模型如图 8－8 所示。GRU 模型有两个门，即“重置门 r”和“更新门 z”。“重置门”决定如何组合新输入和之前的记忆，“重置门”越小，说明忽略得越多；“更新门”决定留下多少之前的记忆，“更新门”的值越大，说明前一时刻的状态信息带入越多。若将“重置门”都设置为 1，将“更新门”都设置为 0，就得到普通的 RNN 模型。

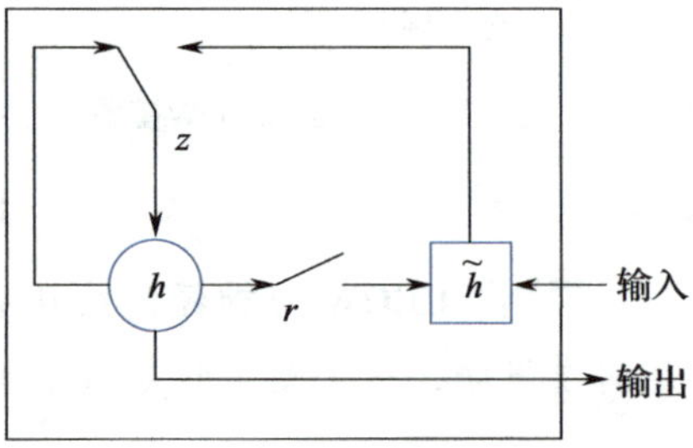

图 8－8　GRU 模型

任务实施

GRU 电影评论情感分析

数据集介绍

IMDB 数据集是一个将电影评论标注为正向评论与负向评论的数据集，共有 25000 条文本数据作为训练集，25000 条文本数据作为测试集。

实验思路

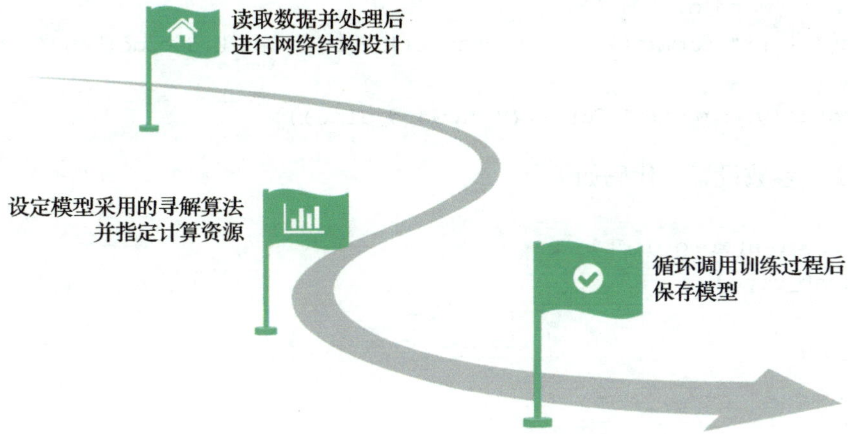

任务步骤

第一步：引入对应的库。代码如下：

```
import paddle
import numpy as np
import matplotlib.pyplot as plt
import paddle.nn as nn
print(paddle.__version__)  # 查看当前版本
# CPU/GPU 环境选择,在 paddle.set_device()中输入对应运行设备
device = paddle.set_device('gpu')
```

第二步：准备数据。IMDB 是 NLP 领域中常见的数据集，PaddlePaddle 框架将其内置，路径为 paddle. text. datasets. Imdb。通过 mode 参数可以控制训练集与测试集。代码如下：

```
print('loading dataset...')
train_dataset = paddle.text.datasets.Imdb(mode ='train')
test_dataset = paddle.text.datasets.Imdb(mode ='test')
print('loading finished')
```

构建了训练集与测试集后，可以通过 word_idx 获取数据集的词表。在 PaddlePaddle

框架2.0版本中，推荐使用padding的方式来对同一个batch中长度不一的数据进行补齐，所以在字典中，还会添加一个特殊的词，后续用来对batch中较短的句子进行填充。代码如下：

```
word_dict = train_dataset.word_idx   # 获取数据集的词表
word_dict['<pad>'] = len(word_dict)
for k in list(word_dict)[:5]:
    print("{}:{}".format(k.decode('ASCII'), word_dict[k]))
print("...")
for k in list(word_dict)[-5:]:
    print("{}:{}".format(k if isinstance(k, str) else k.decode('ASCII'), word_
dict[k]))
print("totally {} words".format(len(word_dict)))
```

第三步：参数设置。代码如下：

```
vocab_size = len(word_dict) +1
print(vocab_size)
emb_size = 256
seq_len = 200
batch_size = 32
epochs = 2
pad_id = word_dict['<pad>']
classes = ['negative', 'positive']
# 生成句子列表
def ids_to_str(ids):
    # print(ids)
    words = []
    for k in ids:
        w = list(word_dict)[k]
        words.append(w if isinstance(w, str) else w.decode('ASCII'))
    return " ".join(words)
```

这里，取出一条数据，打印出来进行查看，可以用docs获取数据的list，用labels获取数据的label值。代码如下：

```
# 取出来第一条数据进行查看。
sent = train_dataset.docs[0]
label = train_dataset.labels[1]
print('sentence list id is:', sent)
print('sentence label id is:', label)
print('---------------------------')
print('sentence list is: ', ids_to_str(sent))
print('sentence label is: ', classes[label])
```

第四步：用 padding 的方式对齐数据。代码如下：

```
#读取数据归一化处理
def create_padded_dataset(dataset):
    padded_sents=[]
    labels=[]
    for batch_id, data in enumerate(dataset):
        sent, label=data[0], data[1]
        padded_sent=np.concatenate([sent[:seq_len], [pad_id] * (seq_len-
len(sent))]).astype('int32')
        padded_sents.append(padded_sent)
        labels.append(label)
    return np.array(padded_sents), np.array(labels)
#对 train、test 数据进行实例化
train_sents, train_labels=create_padded_dataset(train_dataset)
test_sents, test_labels=create_padded_dataset(test_dataset)
#查看数据大小及举例内容
print(train_sents.shape)
print(train_labels.shape)
print(test_sents.shape)
print(test_labels.shape)
for sent in train_sents[:3]:
    print(ids_to_str(sent))
```

第五步：将前面准备好的训练集与测试集用 Dataset 与 DataLoader 封装后，完成数据的加载。代码如下：

```
class IMDBDataset(paddle.io.Dataset):
    '''
    继承 paddle.io.Dataset 类进行数据封装
    '''
    def __init__(self, sents, labels):
        self.sents=sents
        self.labels=labels
        def __getitem__(self, index):
        data=self.sents[index]
        label=self.labels[index]
        return data, label
    def __len__(self):
        return len(self.sents)
    train_dataset=IMDBDataset(train_sents, train_labels)
test_dataset=IMDBDataset(test_sents, test_labels)
train_loader=paddle.io.DataLoader(train_dataset, return_list=True,
```

```
                                        shuffle=True, batch_size=batch_size,
drop_last=True)
test_loader=paddle.io.DataLoader(test_dataset, return_list=True,
                                        shuffle=True, batch_size=batch_size,
drop_last=True)
```

第六步：模型配置。代码如下：

```
import paddle.nn as nn
import paddle
#定义 GRU 网络
class MyGRU(paddle.nn.Layer):
    def __init__(self):
        super(MyGRU, self).__init__()
        self.embedding=nn.Embedding(vocab_size, 256)
        self.gru=nn.GRU(256, 256, num_layers=2, direction='bidirectional',
dropout=0.5)
        self.linear=nn.Linear(in_features=256*2, out_features=2)
        self.dropout=nn.Dropout(0.5)
        def forward(self, inputs):
        emb=self.dropout(self.embedding(inputs))
        #output 形状大小为[batch_size,seq_len,num_directions * hidden_size]
        #hidden 形状大小为[num_layers * num_directions, batch_size, hidden_
size]
        #把前向的 hidden 与后向的 hidden 合并在一起
        output, hidden=self.gru(emb)
        hidden=paddle.concat((hidden[-2,:,:], hidden[-1,:,:]), axis=1)
        #hidden 形状大小为[batch_size, hidden_size * num_directions]
        hidden=self.dropout(hidden)
        return self.linear(hidden)
```

第七步：定义可视化图形。代码如下：

```
#定义可视化图形
def draw_process(title,color,iters,data,label):
    plt.title(title, fontsize=24)
    plt.xlabel("iter", fontsize=20)
    plt.ylabel(label, fontsize=20)
    plt.plot(iters, data,color=color,label=label)
    plt.legend()
    plt.grid()
    plt.show()
```

第八步：模型封装。代码如下：

```
# 对模型进行封装
def train(model):
    model.train()
    opt = paddle.optimizer.Adam(learning_rate = 0.001, parameters = model.
parameters())
    steps = 0
    Iters, total_loss, total_acc = [], [], []
    for epoch in range(epochs):
        for batch_id, data in enumerate(train_loader):
            steps += 1
            sent = data[0]
            label = data[1]
            logits = model(sent)
            loss = paddle.nn.functional.cross_entropy(logits, label)
            acc = paddle.metric.accuracy(logits, label)
            if batch_id % 500 == 0:  # 500 个 epoch 输出一次结果
                Iters.append(steps)
                total_loss.append(loss.numpy()[0])
                total_acc.append(acc.numpy()[0])
                 print("epoch: {}, batch_id: {}, loss is: {}".format(epoch,
batch_id, loss.numpy()))
            loss.backward()
            opt.step()
            opt.clear_grad()
        # evaluate model after one epoch
        model.eval()
        accuracies = []
        losses = []
        for batch_id, data in enumerate(test_loader):
            sent = data[0]
            label = data[1]
            logits = model(sent)
            loss = paddle.nn.functional.cross_entropy(logits, label)
            acc = paddle.metric.accuracy(logits, label)
            accuracies.append(acc.numpy())
            losses.append(loss.numpy())
            avg_acc, avg_loss = np.mean(accuracies), np.mean(losses)
        print("[validation] accuracy: {}, loss: {}".format(avg_acc, avg_loss))
        model.train()
        # 保存模型
```

```
        paddle.save(model.state_dict(), str(epoch) + "_model_final.
pdparams")
        # 可视化查看
    draw_process("trainning loss","red",Iters,total_loss,"trainning loss")
    draw_process("trainning acc","green",Iters,total_acc,"trainning acc")
model = MyGRU()
train(model)
```

第九步：模型评估。代码如下：

```
model_state_dict = paddle.load('0_model_final.pdparams')   # 导入模型
model = MyGRU()
model.set_state_dict(model_state_dict)
model.eval()
accuracies = []
losses = []
for batch_id, data in enumerate(test_loader):
    sent = data[0]
    label = data[1]
    logits = model(sent)
    loss = paddle.nn.functional.cross_entropy(logits, label)
    acc = paddle.metric.accuracy(logits, label)
    accuracies.append(acc.numpy())
    losses.append(loss.numpy())
avg_acc, avg_loss = np.mean(accuracies), np.mean(losses)
print("[validation] accuracy: {}, loss: {}".format(avg_acc, avg_loss))
```

第十步：模型预测。代码如下：

```
def ids_to_str(ids):
    words = []
    for k in ids:
        w = list(word_dict)[k]
        words.append(w if isinstance(w, str) else w.decode('ASCII'))
    return " ".join(words)
label_map = {0:"negative", 1:"positive"}
# 导入模型
model_state_dict = paddle.load('0_model_final.pdparams')
model = MyGRU()
model.set_state_dict(model_state_dict)
model.eval()
for batch_id, data in enumerate(test_loader):
    sent = data[0]
```

```
results = model(sent)
predictions = []
for probs in results:
    # 映射分类 label
    idx = np.argmax(probs)
    labels = label_map[idx]
    predictions.append(labels)
    for i,pre in enumerate(predictions):
    print('数据：{} \n 情感：{}'.format(ids_to_str(sent[0]), pre))
    break
break
```

任务小结

通过本任务的学习，读者应能够了解电影评论中数据集的下载，能够搭建门控循环单元神经网络，并通过搭建的门控循环单元神经网络模型来实现电影评论分析案例。同时，读者还应了解自然语言处理的概述和发展历程，以及自然语言处理应用及 Word2Vec 模型的概念。本任务作为自然语言处理的快速入门案例，希望可以提升读者对自然语言处理的兴趣。

任务评价

通过学习本任务，查看自己是否掌握了以下技能，在技能检测表中标出已掌握的技能。

评价标准	自我评价（0~10 分）	小组评价（0~10 分）	教师评价（0~10 分）
是否熟悉自然语言处理的概念			
是否了解自然语言处理发展历程			
是否掌握数据集下载的方法			
是否能够搭建门控循环单元神经网络模型			
是否能够对模型进行评估和保存			

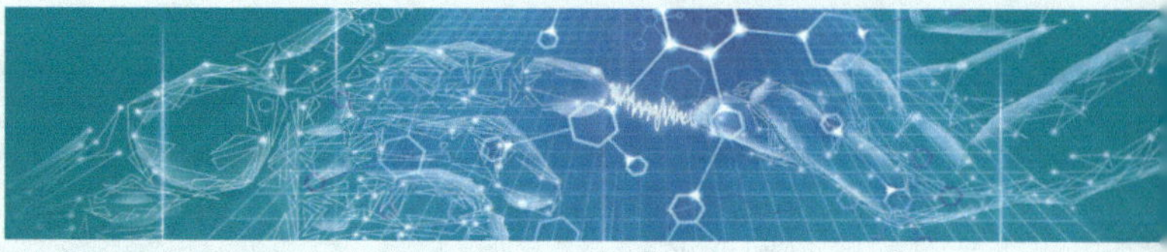

09

任务 9
电影系统推荐

任务目标

知识目标

1）掌握推荐系统的概念

2）了解推荐系统的本质

3）掌握常用的推荐系统算法

4）熟悉实践中的推荐系统

技能目标

1）能够获取电影推荐数据集

2）能够对电影推荐使用的数据集进行数据处理

3）能够使用 PaddlePaddle 框架实现推荐电影的协同过滤算法

素质目标

1）能够动手使用推荐模型

2）具有动手意识和团队意识

任务描述

本任务预测用户尚未观看的电影的收视率，然后向用户推荐预测收视率最高的电影。本任务通过训练一个电影推荐模型实现电影个性化系统推荐，介绍推荐系统的本质与常用的推荐系统算法，完成电影系统推荐案例。

任务准备

在实现电影系统推荐之前，需要了解什么是推荐系统，熟悉推荐系统的本质，掌握常用的推荐系统算法与实践中推荐系统的应用。本任务使用 ml-1m 数据集实现电影系统推荐案例。

9.1 推荐系统概述

在互联网广泛应用的时代，推荐系统在电商平台和搜索引擎中出现的频率开始增加，那么什么是推荐系统呢？推荐系统在面对海量的数据时，通过某种运算或者措施，快速推荐出符合用户特点的物品，主要适合于没有明确需求的人。

推荐系统对用户平时浏览的大量数据进行统计和分析，完善用户的个性化建模，从而实现主动推荐给用户能够满足他们需求的信息。推荐系统涉及多个领域，如电子商务、电影视频、社交网络、位置服务等，具体如图 9－1 所示。

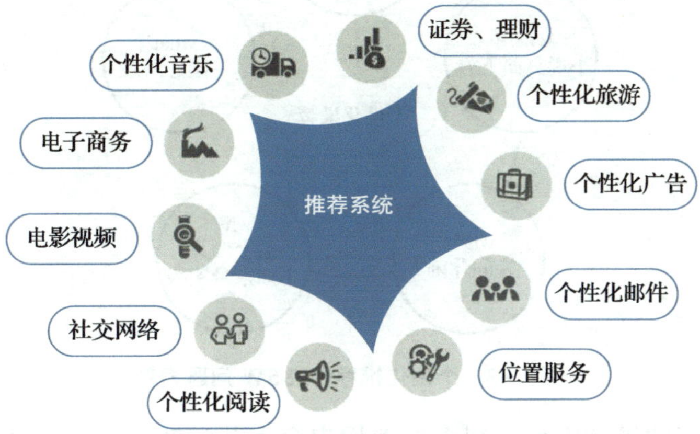

图 9－1　推荐系统涉及的领域

推荐系统的思想主要是利用用户和物品的特征信息、用户喜欢过的物品或与用户相似的其他用户等信息，来发现和分析其对应的特征，最终实现为用户推荐具有其喜欢的特征的物品或相似的物品。在这个过程中，具体的方式是“知你所想，精准推送”“物以类聚”“人以群分”。其中：

知你所想，精准推送：利用用户和物品的特征信息，给用户推荐那些具有用户喜欢的特征的物品。

物以类聚：利用用户喜欢过的物品，给用户推荐与其喜欢过的物品相似的物品。

人以群分：利用和用户相似的其他用户，给用户推荐那些与他们兴趣爱好相似的其他用户喜欢的物品。

推荐系统思想如图 9－2 所示。

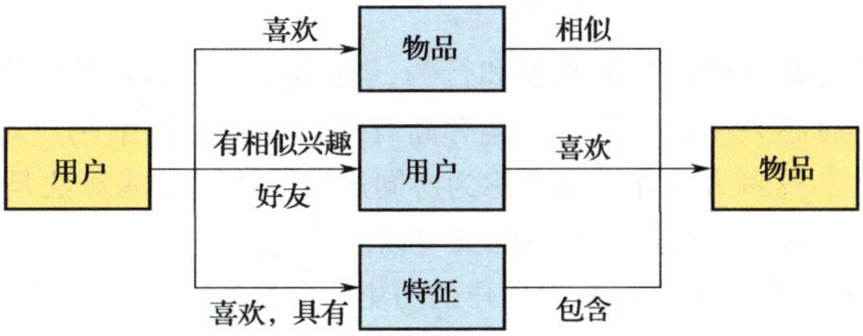

图 9－2　推荐系统思想

9.2 推荐系统本质

推荐系统的本质是解决“5W”问题。“5W”主要包含 who、what、why、when、where。例如，当用户在晚间上网阅读军事小说时，使用“5w”进行分析，在小说的底部向他推荐三国志游戏，并给出了推荐理由“纸上谈兵不如亲身实践”，如图 9－3 所示。

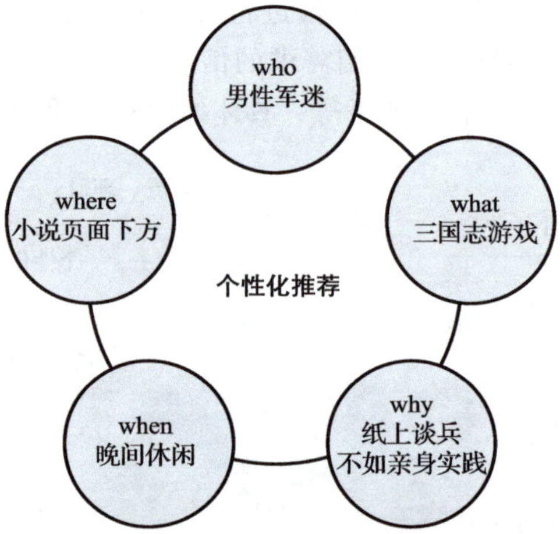

图 9－3　个性化推荐解决 5W 问题案例

这是一个较好的推荐案例，很多军迷用户会下载游戏试玩。反之，如果用户白天开会投屏时弹出提示框，向用户推荐“巴厘岛旅游”，则会给在场的同事留下不认真工作的印象。可见，除了向谁（who）推荐什么（what）之外，推荐的位置（where）和推荐时机（when）也非常重要。另外，给出推荐理由（why）会对推荐效果产生帮助吗？答案是肯定的。虽然完整的推荐系统需要考虑“5w”问题，但向谁（who）推荐什么（what）是问题的核心。

9.3 常用的推荐系统算法

常用的推荐系统算法有 3 种，分别是协同过滤推荐、基于内容的过滤推荐和组合推荐。

1. 协同过滤推荐 （Collaborative Filtering Recommendation）

该算法的核心是分析用户的兴趣和行为，利用共同行为习惯的群体有相似喜好的原则，为用户推荐感兴趣的信息。兴趣有高有低，算法会根据用户对信息的反馈（如评分）进行排序，这种方式在学术上称为协同过滤。协同过滤算法是经典的推荐算法，经典意味着简单、好用。协同过滤算法又可以简单地分为两种：

1）基于用户的协同过滤：根据用户的历史喜好分析出相似兴趣的人，然后给用户推荐其他人喜欢的物品。假如小李、小张对物品 A、B 都给了十分好评，那么可以认为小李、小张具有相似的兴趣爱好。如果小李给物品 C 十分好评，那么可以把 C 推荐给小张，可简单理解为“人以类聚”。

2）基于物品的协同过滤：根据用户的历史喜好分析出相似物品，然后给用户推荐同类物品。比如小李对物品 A、B、C 给了十分好评，小王对物品 A、C 给了十分好评，从这些用户的喜好中分析出喜欢 A 的人都喜欢 C，因为物品 A、C 是相似的，如果小张给了 A 好评，那么可以把 C 也推荐给小张，可简单理解为“物以群分”。

2. 基于内容的过滤推荐 （Content-based Filtering Recommendation）

基于内容的过滤推荐是信息检索领域的重要研究内容，是更为简单直接的算法。该算法的核心是衡量出两个物品的相似度。首先对物品或内容的特征进行描述，发现其相关性，然后基于用户以往的喜好记录，推荐给用户相似的物品。比如，小张对物品 A 感兴趣，而物品 A 和物品 C 是同类物品（从物品的内容描述上判断），就可以把物品 C 也推荐给小张。

基于用户的协同过滤推荐、基于物品的协同过滤推荐与基于内容的过滤推荐对比如图 9－4 所示。

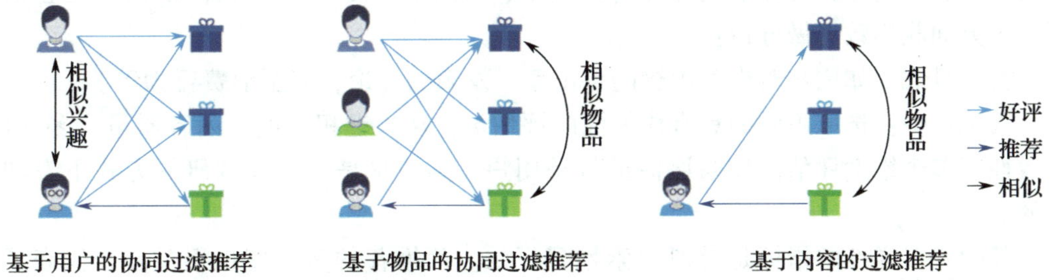

图 9－4　基于用户的协同过滤推荐、基于物品的协同过滤推荐与基于内容的过滤推荐对比

3. 组合推荐 （Hybrid Recommendation）

以上算法各有优缺点，比如基于内容的过滤推荐是基于物品建模的，在系统启动初期往往有较好的推荐效果，但是没有考虑用户群体的关联属性；协同过滤推荐考虑了用户群体的喜好信息，可以推荐内容上不相似的新物品，发现用户潜在的兴趣偏好，但是这依赖于足够多且准确的用户历史信息。所以，实际应用中往往不只采用某一种推荐方法，而是通过组合将多个算法混合在一起，以实现更好的推荐效果，比如加权组合、分层组合等。具体选择哪种方式，和应用场景有很大关系。

9.4 实践中的推荐系统

在实际应用中，验证一个推荐系统的好坏，除了考虑预测准确度外，还需要考虑多方面的因素，如多样性、新颖性，甚至商业目标匹配度等。

（1）推荐来源　推荐来源多样化，除了使用深度学习模型的方式，还大量使用标签匹配的个性化推荐方式。此外，推荐热门的内容、具有时效性的内容和一定探索性的内容都非常关键。对于新闻类的内容推荐，用户不希望人们都在谈论的大事而自己却毫无所知，而是期望更快、更全面地了解这些“大事”。如果经常为用户推荐同类产品，就会使用户因丧失“新鲜感”而流失。因此，除了推荐一些用户喜欢的内容之外，谨慎地推荐一些用户没表达过喜欢的内容，可探索用户更广泛的兴趣领域，以便有更多不重复的内容可以向用户推荐。

（2）检索系统　将推荐系统构建成“召回 + 排序”架构的高性能检索系统，以更短的特征向量建立倒排索引。在“召回 + 排序”的架构下，通常会训练出两种不同长度的特征向量，使用较短的特征向量做召回系统，从海量候选中筛选出几十个可能候选。使用较短的向量做召回系统，性能高，但不够准确，然后使用较长的特征向量做几十个候选的精细排序，因为待排序的候选很少，所以性能低一些影响也不大。

（3）冷启动问题　对于用户行为数据的积累，往往需要建立一套具有专家经验的规则系统，比如，一个在美妆行业工作的店小二在各类女性对化妆品的偏好方面是非常了解的。很多推荐系统会主动向用户收集一些信息，比如人们注册一些资讯类 APP 时，经常会要求选择一些兴趣标签。

（4）推荐系统的评估　推荐系统的评估是使用推荐系统用户的综合体验。除了采用更多代表不同体验的评估指标外（准确率、召回率、覆盖率、多样性等），还会从以下两个方面收集数据做分析：

行为日志：如用户对推荐内容的点击率、发表的评论，甚至消费行为等。

人工评估：选取不同的具有代表性的评估员，从兴趣相关度、内容质量、多样性、时效性等多个维度评估。如果评估员就是用户，则通常是以问卷调研的方式下发和收集的。

其中，多样性的指标是针对探索性目标的。而推荐的覆盖度也很重要，代表了所有的内容有多少能够被推荐系统送到用户面前。如果每次推荐都只集中在少量的内容，大部分内容无法获得用户流量，那么会影响系统内容生态的健康。比如，电商平台如果只推荐少量大商家的产品给用户，多数小商家无法获得购物流量，就会导致平台上的商家集中度越来越高，生态不再繁荣稳定。

任务实施

数据集介绍

个性化推荐算法的数据大多是文本和图像。比如网易云音乐推荐中，数据是音乐的名字、歌手、音乐类型等文本数据；抖音视频推荐中，数据是视频或图像数据；也有可能同时使用图像和文本数据。

本任务采用 ml-1m 电影推荐数据集，它是 GroupLens Research 从 MovieLens 网站上收集的电影评分数据集，包含了 6000 多位用户对近 3900 个电影的共 100 万条评分数据，评分均为 1 ~ 5 的整数，其中每个电影的评分数据至少有 20 条。该数据集包含 3 个数据文件，分别是：

users. dat：存储用户属性信息的文本格式文件。

movies. dat：存储电影属性信息的文本格式文件。

ratings. dat：存储电影评分信息的文本格式文件。

另外，为了验证电影推荐的影响因素，还从网上获取到部分电影的海报图像。现实生活中，相似风格的电影在海报设计上有一定的相似性，暗黑系列和喜剧系列的电影海报风格则是迥异的。所以在进行推荐时，可以验证加入海报后对推荐结果的影响。电影海报图像在 posters 文件夹下，海报图像以“mov_id” + 电影 ID + “. png”的方式命名。由于这里的电影海报图像有缺失，因此整理了一个新的评分数据文件，新文件中包含的电影均是有海报数据的。本任务使用的数据集在 ml - 1m 基础上增加了两份数据：

posters：包含电影海报图像。

new_rating. txt：存储包含海报图像的新评分数据文件。

用户信息、电影信息和评分信息包含的内容如表 9 - 1 所示。

表 9 - 1　数据集信息内容详情

用户信息	**UserID**	**Gender**	**Age**	**Occupation**
样例	1	F [M/F]	1	10
电影信息	**MovieID**	**Title**	**Genres**	**PosterID**
样例	1	Toy Story	Animation | Children’ s | Comedy	1
评分信息	**UserID**	**MovieID**	**Rating**	
样例	1	1193	5 [1 - 5]	

其中的部分数据并不具有真实的含义，而是编号。年龄编号和部分职业编号的含义如表 9 - 2 所示。

表 9 - 2　年龄编号和部分职业编号的含义

年龄编号及含义	**职业编号及含义**
1：“Under 18”	0：“other” or not specified
18：“18 ~ 24”	1：“academic/educator”
25：“25 ~ 34”	2：“artist”
35：“35 ~ 44”	3：“clerical/admin”
45：“45 ~ 49”	4：“college/grad student”
50：“50 ~ 55”	5：“customer service”
56：“56 + ”	6：“doctor/health care”
	7：“executive/managerial”

海报对应着尺寸大约为 180×270 像素的图片，每张图片的尺寸稍有差别。1 号海报如图 9－5 所示。

从样例的特征数据中，可以分析出一共有 4 类特征：

ID 类特征：UserID、MovieID、Gender、Age、Occupation，内容为 ID 值，前两个 ID 映射到具体用户和电影，后 3 个 ID 会映射到具体分档。

列表类特征：Genres，每个电影有多个类别标签。将电影类别进行编号，使用数字 ID 替换原始类别，特征内容为对应几个 ID 值的列表。

图像类特征：Poster，内容是一张 180×270 像素的图片。

文本类特征：Title，内容是一段英文文本。

图 9－5　1 号海报

因为特征数据有 4 类不同特征，所以构建模型网络的输入层预计也会有 4 种子结构。

实验分析

如果能将用户 A 的原始特征转换成一种代表用户 A 喜好的特征向量，将电影 1 的原始特征转换成一种代表电影 1 特性的特征向量，那么计算两个向量的相似度，就可以代表用户 A 对电影 1 的喜欢程度。据此，推荐系统可以如此构建：

假如给用户 A 推荐电影，计算电影库中“每一个电影的特征向量”与“用户 A 的特征向量”的余弦相似度，根据相似度排序电影库，取 Top k 的电影推荐给 A。推荐系统设计如图 9－6 所示。

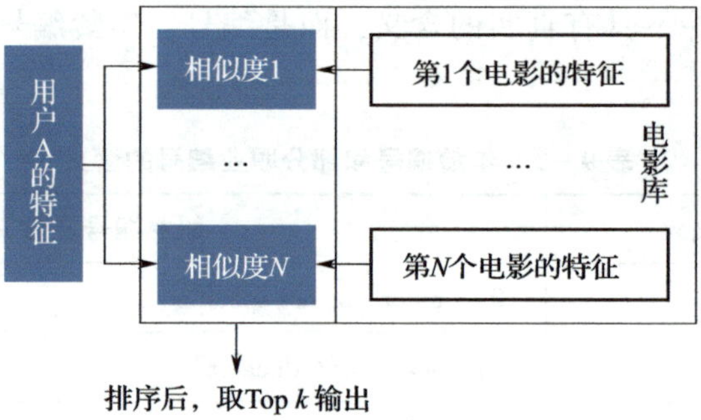

图 9－6　推荐系统设计

如何获取两种有效代表用户和电影的特征向量？首先，需要明确什么是“有效”？

对于用户评分较高的电影，电影的特征向量和用户的特征向量应该高度相似，反之则相异。

这里已经获得大量评分样本，因此可以构建一个训练模型（如图 9－7 所示），根据用户对电影的评分样本，学习出用户特征向量和电影特征向量的计算方案（灰色箭头）。

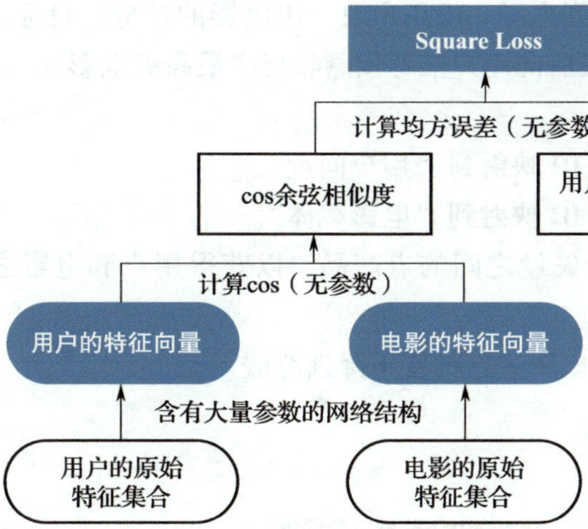

图9-7 训练模型

第一层结构：特征变换，原始特征集合变换为两个特征向量。

第二层结构：计算向量相似度。为确保结果与电影评分可比较，两个特征向量的相似度从［0～1］放大5倍到［0～5］。

第三层结构：计算Loss，计算缩放后的相似度与用户对电影的真实评分的“均方误差”。

以在训练样本上的Loss最小化为目标，即可学习出模型的网络参数。这些网络参数本质上就是从原始特征集合到特征向量的计算方法。根据训练好的网络，人们可以计算任意用户和电影向量的相似度，进一步完成推荐。

基于上面的分析，推荐模型的网络结构初步设想如图9-8所示。

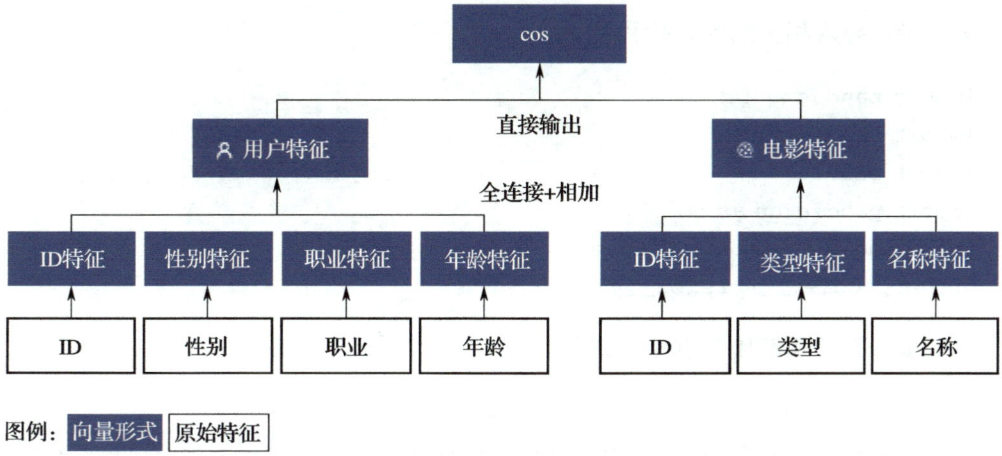

图9-8 推荐模型的网络结构初步设想

将每个原始特征都转换成Embedding表示，再合并成一个用户特征向量和一个电影特征向量。计算两个特征向量的相似度后，再与训练样本（已知的用户对电影的评分）做损失计算。

这里演示使用MovieLens数据集基于Paddle 2.2.0-rc0向用户推荐电影的协同过滤

算法。MovieLens 评级数据集列出了一组用户对一组电影的评分。目标是能够预测用户尚未观看的电影的收视率。最后向用户推荐预测收视率最高的电影。

模型中的步骤如下：

1）通过嵌入矩阵将用户 ID 映射到“用户向量”。

2）通过嵌入矩阵将电影 ID 映射到“电影载体”。

3）计算用户矢量和电影矢量之间的点产品，以获得用户和电影之间的匹配分数（预测评级）。

4）使用所有已知的用户电影进行梯度下降训练嵌入。

实验思路

任务步骤

第一步：导入相关的库。代码如下：

```
import pandas as pd
import numpy as np
import paddle
import paddle.nn as nn
from paddle.io import Dataset
print(paddle.__version__)
```

第二步：下载和解压数据集。代码如下：

```
!wget -O ml-latest-small.zip
https://bj.bcebos.com/v1/ai-studio-online/e1686458bb494866ab51d5e2738a68387d2a
a14f31164735ae601eda5c7bc938\?responseContentDisposition\=attachment%
3B%20filename%3Dml-latest-small.zip\&authorization\=bce-auth-v1%
2F0ef6765c1e494918bc0d4c3ca3e5c6d1%2F2021-03-01T12%3A21%3A46Z%2F-
1%2F%2F6dddaaacf7aa37c7445d3100844c71f9dd09fe938627f3ac86d0621e3f420f92!
unzip ./ml-latest-small.zip
```

第三步：数据处理，将用户和电影编码为整数指数。代码如下：

```
df = pd.read_csv('ml - latest - small/ratings.csv')
user_ids = df["userId"].unique().tolist()
user2user_encoded = {x: i for i, x in enumerate(user_ids)}
userencoded2user = {i: x for i, x in enumerate(user_ids)}
movie_ids = df["movieId"].unique().tolist()
movie2movie_encoded = {x: i for i, x in enumerate(movie_ids)}
movie_encoded2movie = {i: x for i, x in enumerate(movie_ids)}
df["user"] = df["userId"].map(user2user_encoded)
df["movie"] = df["movieId"].map(movie2movie_encoded)
num_users = len(user2user_encoded)
num_movies = len(movie_encoded2movie)
df["rating"] = df["rating"].values.astype(np.float32)
# 最小额定值和最大额定值将在以后用于标准化额定值
min_rating = min(df["rating"])
max_rating = max(df["rating"])
print(
    "Number of users: {}, Number of Movies: {}, Min rating: {}, Max rating:
{}".format(
        num_users, num_movies, min_rating, max_rating
    )
)
```

运行结果如下：

```
Number of users: 610, Number of Movies: 9724, Min rating: 0.5, Max rating: 5.0
```

第四步：准备训练和验证数据。代码如下：

```
df = df.sample(frac = 1, random_state = 42)
x = df[["user", "movie"]].values
# 规范化 0 ~1 之间的目标,使训练更容易
y = df["rating"].apply(lambda x: (x - min_rating) / (max_rating - min_
rating)).values
# 假设对 90% 的数据进行训练,对 10% 的数据进行验证
train_indices = int(0.9 * df.shape[0])
x_train, x_val, y_train, y_val = (
    x[:train_indices],
    x[train_indices:],
    y[:train_indices],
    y[train_indices:],
)
```

```
y_train =y_train[: ,np.newaxis]
y_val =y_val[: ,np.newaxis]
y_train =y_train.astype(np.float32)
y_val =y_val.astype(np.float32)
# 自定义数据集
#映射式(map - style)数据集需要继承 paddle.io.Dataset
class SelfDefinedDataset(Dataset):
    def __init__(self, data_x, data_y, mode ='train'):
        super(SelfDefinedDataset, self).__init__()
        self.data_x = data_x
        self.data_y = data_y
        self.mode = mode
    def __getitem__(self, idx):
        if self.mode == 'predict':
          return self.data_x[idx]
        else:
          return self.data_x[idx], self.data_y[idx]
    def __len__(self):
        return len(self.data_x)
        traindataset = SelfDefinedDataset(x_train, y_train)
for data, label in traindataset:
    print(data.shape, label.shape)
    print(data, label)
    break
train_loader = paddle.io.DataLoader(traindataset, batch_size = 128, shuffle = True)
for batch_id, data in enumerate(train_loader()):
    x_data = data[0]
    y_data = data[1]
    print(x_data.shape)
    print(y_data.shape)
    break
testdataset = SelfDefinedDataset(x_val, y_val)
test_loader = paddle.io.DataLoader(testdataset, batch_size = 128, shuffle = True)
for batch_id, data in enumerate(test_loader()):
    x_data = data[0]
    y_data = data[1]
    print(x_data.shape)
    print(y_data.shape)
    break
```

运行代码，结果如图 9-9 所示。

```
(2,) (1,)
[ 431 4730] [0.8888889]
[128, 2]
[128, 1]
[128, 2]
[128, 1]
```

图 9-9 查看数据集的运行结果

第五步：模型组网。将用户和电影嵌入 50 维向量中。该模型计算用户和电影嵌入之间的匹配分数，并添加每部电影和每个用户的偏差。分数通过 sigmoid 缩放到区间 [0, 1]。代码如下：

```
EMBEDDING_SIZE = 50
class RecommenderNet(nn.Layer):
    def __init__(self, num_users, num_movies, embedding_size):
        super(RecommenderNet, self).__init__()
        self.num_users = num_users
        self.num_movies = num_movies
        self.embedding_size = embedding_size
        weight_attr_user = paddle.ParamAttr(
            regularizer = paddle.regularizer.L2Decay(1e-6),
            initializer = nn.initializer.KaimingNormal()
            )
        self.user_embedding = nn.Embedding(
            num_users,
            embedding_size,
            weight_attr = weight_attr_user
        )
        self.user_bias = nn.Embedding(num_users, 1)
        weight_attr_movie = paddle.ParamAttr(
            regularizer = paddle.regularizer.L2Decay(1e-6),
            initializer = nn.initializer.KaimingNormal()
            )
        self.movie_embedding = nn.Embedding(
            num_movies,
            embedding_size,
            weight_attr = weight_attr_movie
        )
        self.movie_bias = nn.Embedding(num_movies, 1)
    def forward(self, inputs):
```

```
        user_vector = self.user_embedding(inputs[:, 0])
        user_bias = self.user_bias(inputs[:, 0])
        movie_vector = self.movie_embedding(inputs[:, 1])
        movie_bias = self.movie_bias(inputs[:, 1])
        dot_user_movie = paddle.dot(user_vector, movie_vector)
        x = dot_user_movie + user_bias + movie_bias
        x = nn.functional.sigmoid(x)
        return x
```

第六步：模型训练。代码如下：

```
model = RecommenderNet(num_users, num_movies, EMBEDDING_SIZE)
model = paddle.Model(model)
optimizer = paddle.optimizer.Adam(parameters = model.parameters(), learning_rate = 0.0003)
loss = nn.BCELoss()
metric = paddle.metric.Accuracy()
# 设置 visualdl 路径
log_dir = './visualdl'
callback = paddle.callbacks.VisualDL(log_dir = log_dir)
model.prepare(optimizer, loss, metric)
model.fit(train_loader, epochs = 5, save_dir = './checkpoints', verbose = 1, callbacks = callback)
```

运行代码，结果如图 9－10 所示。

```
The loss value printed in the log is the current step, and the metric is t
Epoch 1/5
step 709/709 [==============================] - loss: 0.6732 - acc: 0.8687
save checkpoint at /home/aistudio/checkpoints/0
Epoch 2/5
step 709/709 [==============================] - loss: 0.6430 - acc: 0.8687
save checkpoint at /home/aistudio/checkpoints/1
Epoch 3/5
step 709/709 [==============================] - loss: 0.6170 - acc: 0.8687
save checkpoint at /home/aistudio/checkpoints/2
Epoch 4/5
step 709/709 [==============================] - loss: 0.6255 - acc: 0.8687
save checkpoint at /home/aistudio/checkpoints/3
Epoch 5/5
step 709/709 [==============================] - loss: 0.6264 - acc: 0.8687
save checkpoint at /home/aistudio/checkpoints/4
save checkpoint at /home/aistudio/checkpoints/final
```

图 9－10　模型训练结果

第七步：模型评估。代码如下。模型评估结果如图 9－11 所示。

```
model.evaluate(test_loader, batch_size = 64, verbose = 1)
```

```
Eval begin...
step 79/79 [==============================] - loss: 0.5997 - acc: 0.8713 -
Eval samples: 10084

/opt/conda/envs/python35-paddle120-env/lib/python3.7/site-packages/paddle/·
  format(lhs_dtype, rhs_dtype, lhs_dtype))



{'loss': [0.5996841], 'acc': 0.8712812376041253}
```

图 9-11 模型评估结果

第八步：模型预测。代码如下：

```
movie_df = pd.read_csv('ml-latest-small/movies.csv')
# 获取一个用户,查看他的推荐电影
user_id = df.userId.sample(1).iloc[0]
movies_watched_by_user = df[df.userId == user_id]
movies_not_watched = movie_df[
    ~movie_df["movieId"].isin(movies_watched_by_user.movieId.values)]
["movieId"]
movies_not_watched = list(
    set(movies_not_watched).intersection(set(movie2movie_encoded.keys()))
)
movies_not_watched = [[movie2movie_encoded.get(x)] for x in movies_not_
watched]
user_encoder = user2user_encoded.get(user_id)
user_movie_array = np.hstack(
    ([[user_encoder]] * len(movies_not_watched), movies_not_watched)
)
testdataset = SelfDefinedDataset(user_movie_array, user_movie_array,
mode='predict')
test_loader = paddle.io.DataLoader(testdataset, batch_size = 9703,
shuffle = False, return_list = True,)
ratings = model.predict(test_loader)
ratings = np.array(ratings)
ratings = np.squeeze(ratings, 0)
ratings = np.squeeze(ratings, 2)
ratings = np.squeeze(ratings, 0)
top_ratings_indices = ratings.argsort()[::-1][0:10]
print(top_ratings_indices)
recommended_movie_ids = [
    movie_encoded2movie.get(movies_not_watched[x][0]) for x in top_
ratings_indices
]
```

```
    print("用户的 ID 为:".format(user_id))
    print(" ==== " * 8)
    print("用户评分较高的电影:")
    print(" ---- " * 8)
    top_movies_user = (
        movies_watched_by_user.sort_values(by = "rating", ascending = False)
        .head(5)
        .movieId.values
    )
    movie_df_rows = movie_df[movie_df["movieId"].isin(top_movies_user)]
    for row in movie_df_rows.itertuples():
        print(row.title, ":", row.genres)
    print(" ---- " * 8)
    print("为用户推荐的 10 部电影:")
    print(" ---- " * 8)
    recommended_movies = movie_df[movie_df["movieId"].isin(recommended_movie_ids)]
    for row in recommended_movies.itertuples():
        print(row.title, ":", row.genres)
```

运行代码，结果如图 9－12 所示。

```
Predict begin...
step 1/1 [==============================] - 20ms/step
Predict samples: 9384
[ 474 1813  321 6981 5451  959 4515 5323 8145 6712]
用户的ID为: 313
================================
用户评分较高的电影:
--------------------------------
Goodfellas (1990) : Crime|Drama
Raising Arizona (1987) : Comedy
Waiting for Guffman (1996) : Comedy
Watership Down (1978) : Adventure|Animation|Children|Drama|Fantasy
Omega Man, The (1971) : Action|Drama|Sci-Fi|Thriller
--------------------------------
为用户推荐的10部电影:
--------------------------------
Forrest Gump (1994) : Comedy|Drama|Romance|War
Schindler's List (1993) : Drama|War
One Flew Over the Cuckoo's Nest (1975) : Drama
American History X (1998) : Crime|Drama
Lord of the Rings: The Two Towers, The (2002) : Adventure|Fantasy
Lord of the Rings: The Return of the King, The (2003) : Action|Adventure|D
Eternal Sunshine of the Spotless Mind (2004) : Drama|Romance|Sci-Fi
Departed, The (2006) : Crime|Drama|Thriller
Dark Knight, The (2008) : Action|Crime|Drama|IMAX
Inception (2010) : Action|Crime|Drama|Mystery|Sci-Fi|Thriller|IMAX
```

图 9－12　模型预测结果

任务小结

通过本任务的学习，读者应能够了解推荐系统的概念与本质问题，能通过清洗后的数据集训练模型来实现电影系统推荐案例。同时，读者应了解协同过滤推荐、基于内容的过滤推荐和组合推荐3种常见的推荐算法，以及推荐系统在实践中的应用。

任务评价

通过学习本任务，查看自己是否掌握了以下技能，在技能检测表中标出已掌握的技能。

评价标准	自我评价（0~10分）	小组评价（0~10分）	教师评价（0~10分）
是否熟悉推荐系统的概念			
是否掌握了推荐系统的本质			
是否掌握了常用的推荐系统算法			
是否了解实践中的推荐系统			

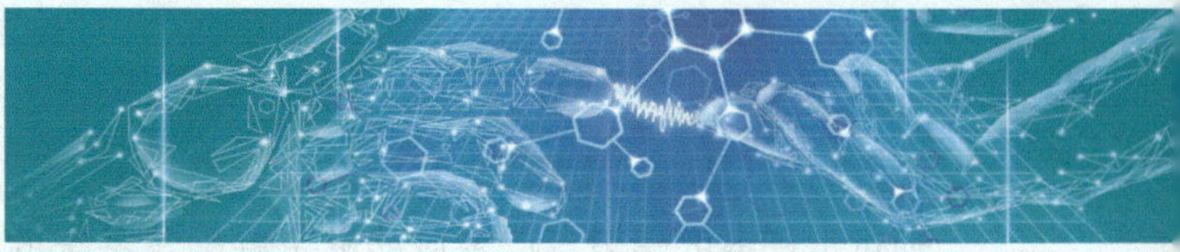

任务 10 目标检测——火灾烟雾检测

任务目标

知识目标

1）掌握目标检测的概念
2）了解什么是目标检测
3）了解目标检测的应用场景
4）掌握常用的开源数据集
5）了解 PaddleDetection 端到端目标检测套件
6）熟悉用户数据处理的方法

技能目标

1）能够获取火灾烟雾检测数据集
2）能够对火灾烟雾检测使用的数据集进行数据处理
3）能够使用 MIT 协议互联网下载图片和 MIT 协议公开数据集实现火灾烟雾检测

素质目标

1）能够动手使用 PaddleDetection 端到端目标检测套件
2）具有动手意识和团队意识

任务描述

本任务通过使用 PaddleDetection 端到端目标检测套件实现火灾烟雾检测，介绍目标检测的概念与用户数据处理的方法。

任务准备

在计算机视觉众多的技术领域中，目标检测是一项非常基础的任务。图像分割、物体追踪、关键点检测等通常都要依赖于目标检测。检测和识别是图像处理的两个基本问题。

10.1 目标检测概述

1. 什么是目标检测

目标检测是计算机视觉中重要的一项任务，也称目标提取，主要是找出图像中所有感兴趣的目标或者物体，以此来确定它们的类别和位置。目标检测将目标的分割和识别合二为一，其准确性和实时性是整个系统的一项重要能力。

在目标检测过程中，每张图像中物体的数量、大小和姿态都不尽相同，造成了非结构化的输出，这也是和图像分类最主要的区别。同时，检测的物体时常会有遮挡阶段，从而造成目标检测的困难。比如要确定某张给定的图像中是否存在以下类别，如人、车、狗和猫等，需要以图像理解和计算机视觉为基础，通过目标检测的技术实现目标实例的确定。如果存在，就返回每个目标实例的空间位置和覆盖范围。

2. 目标检测应用场景

目标检测在现实生活中有很大的使用价值，主要应用于人脸检测和识别、行人检测、文本检测、交通信号检测和遥感目标检测等。

(1) 人脸检测和识别　人脸检测是对于给定的一幅图像，采用一定的技术和策略对其进行搜索，从而确定图像中是否包含人脸。如果包含人脸，则返回人脸的位置、大小和姿态。人脸识别是用摄像机或摄像头采集含有人脸的图像或视频流，并自动在图像中检测和跟踪人脸，进而对检测到的人脸进行脸部识别的一系列相关技术。

人脸检测和识别目前主要是通过目标检测技术实现的。早期的人脸检测极大地促进了目标检测的发展，人脸检测技术也逐渐成熟，应用于各行各业，比如相机中的微笑检测。到目前为止，人脸检测任务也存在着一些难点，比如脸部出现了各种变化，从而导致人脸检测困难。与此同时，图像中脸部存在遮挡也会造成识别的不准确。人脸检测如图 10－1 所示。

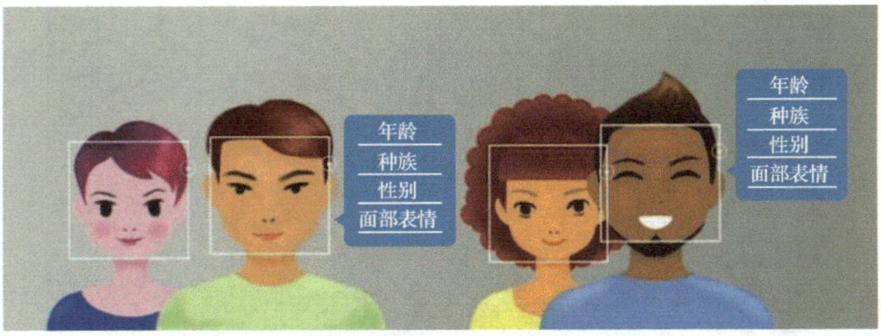

图 10－1　人脸检测

(2) 行人检测　行人检测主要应用在自动驾驶、视频监控和刑事侦查等方面，主要是根据行人检测方法在特征表示、分类器设计和检测等方面进行深入研究。行人检测如图 10－2 所示。

图 10－2　行人检测

通过目标检测的算法进行实现，在应用过程中也存在一些难点和挑战，例如：

- 图片样例中行人的图像尺寸比较小，像素点少，造成数据不易采集。
- 某些场景图像中的背景在视觉上与行人非常相似，样本不容易分类。
- 图像中存在行人密集或行人遮挡的情况。在 Caltech 数据集中，据统计，行人未遮挡的个体约占行人总数的 29%。
- 由于自动驾驶和视频监控等应用需要检测算法能够实时提供检测结果，以便系统快速做出决断，因此视频的实时行人检测至关重要。

（3）文本检测　文本检测用于判断图片中是否包含文字。如果包含文字，则可通过计算机对图片中的文字进行定位和识别，主要分为文本定位和文本识别。文本检测如图 10－3 所示。文本检测可以帮助视觉障碍人士阅读路牌或者货币，但在使用过程中存在以下困难：

- 图像中可能会出现不同字体、颜色和语言的文本。
- 图像中可能会出现具有不同视角和方向的文本。
- 具有大宽高比和高密集文本的文字会使文本检测算法难以精确定位。
- 在街景图像中，字体的缺失与模糊是经常存在的一个问题。

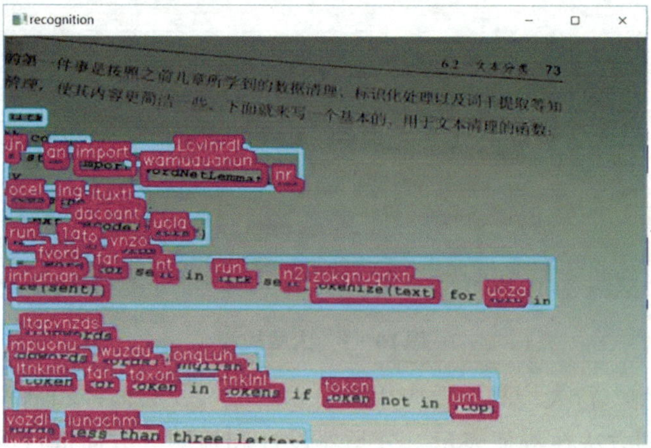

图 10－3　文本检测

（4）交通信号检测　随着自动驾驶技术的发展，交通标志和红绿灯的自动检测近年来备受关注。对于像交通灯和交通标志这样的固定场景的标志检测，仍然具有不小的挑战。交通标志检测任务中存在的难点与挑战可简要概括为如下4点：

- 当夜晚或者有强烈光照时，交通标志的检测将变得异常困难。
- 车辆在高速行驶时所拍摄出来的交通标志照片会出现模糊的情况。
- 在雨雪天气，车辆所拍摄的交通标志图片质量会大大下降，导致检测困难。
- 交通标志的检测对于自动驾驶非常重要，所以此任务需要有很高的实时性能。

（5）遥感目标检测　近年来，随着遥感图像分辨率的提高，遥感图像目标检测（如飞机、船舶、油罐等的检测）成为研究热点。遥感图像目标检测具有广泛的应用，如军事侦察、灾害救援、城市交通管理等领域。城市遥感如图10-4所示。

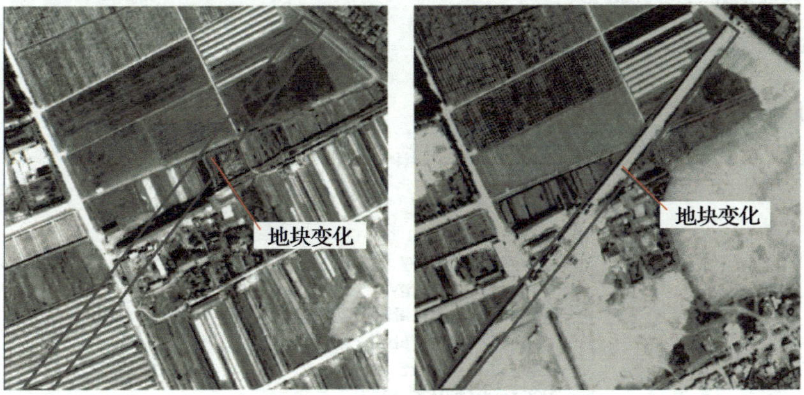

图10-4　城市遥感

遥感目标检测的特殊性体现在：

- 尺度多样性：航空遥感图像可从几百米到近万米的高度进行拍摄，且地面目标即使是同类目标，也大小不一，如港口轮船大的有300多米长，小的却只有数十米长。
- 视角特殊性：航空遥感图像的视角基本都是高空俯视，但常规数据集大部分处于地面水平视角，所以同一目标的模式是不同的，在常规数据集上训练得很好的检测器，使用在航空遥感图像上可能效果很差。
- 小目标问题：航空遥感图像的目标很多都是小目标（几十个甚至几个像素），这就导致目标信息量不大。
- 多方向问题：航空遥感图像采用俯视拍摄，目标的方向都是不确定的（而常规数据集上往往有一定的确定性，如行人、车辆基本都是立着的），目标检测器需要对方向具有鲁棒性。
- 背景复杂度高：航空遥感图像的视野比较大（通常有数平方千米的覆盖范围），视野中可能包含各种各样的背景，会对目标检测产生较强的干扰。

10.2 常用的开源数据集

1. PASCAL VOC 数据集

PASCAL VOC 是目标检测领域的经典数据集，也称 VOC 数据，主要用于 PASCAL VOC 比赛。数据集中不仅包含图像分类，还包含多个任务的标注内容。PASCAL VOC 包含约 10000 张带有边界框的图片以用于训练和验证，是目标检测问题的一个基准数据集。很多模型都是在此数据集上得到的，常用的有 VOC 2007 和 VOC 2012 两个版本数据，共 20 个类别。人们可以通过代码自动下载 VOC 数据集，因数据集较大，下载需要很长时间，下载命令如下：

```
# 通过代码自动下载 VOC 数据集
python dataset/voc/download_voc.py
```

也可打开数据集对应的链接进行下载。

下载完成后，VOC 数据集的文件组织结构如图 10-5 所示。

```
>>cd dataset/voc/
>>tree
├── create_list.py
├── download_voc.py
├── generic_det_label_list.txt
├── generic_det_label_list_zh.txt
├── label_list.txt
├── VOCdevkit/VOC 2007
│   ├── Annotations
│       ├── 001789.xml
│       |   ...
│   ├── JPEGImages
│       ├── 001789.jpg
│       |   ...
│   ├── ImageSets
│       |   ...
├── VOCdevkit/VOC 2012
│   ├── Annotations
│       ├── 2011_003876.xml
│       |   ...
│   ├── JPEGImages
│       ├── 2011_003876.jpg
│       |   ...
│   ├── ImageSets
│       |   ...
|   ...
```

图 10-5　VOC 数据集的文件组织结构

图 10-5 中，label_list.txt 是类别名称列表，文件名必须是 label_list.txt。若使用 VOC 数据集，则 config 文件中 use_default_label 为 true 时不需要这个文件。

类别主要包括人、动物、交通工具、室内等，具体如下：

1）人：人。

2）动物：鸟、猫、牛、狗、马、羊。

3）交通工具：飞机、自行车、船、公共汽车、轿车、摩托车、火车。

4）室内：瓶子、椅子、餐桌、盆栽、沙发、电视/显示器。

Annotations 下存放的是 .xml 文件，描述了图片信息。

VOC 数据中的每个图像文件对应一个同名的 .xml 文件。.xml 文件包含物体的坐标和类别等信息。例如图像文件 2007_002055.jpg，图片对应的 .xml 文件包含图片的基本信息，比如文件名、来源、图像尺寸以及图像中包含的物体区域信息和类别信息等。

.xml 文件包含以下字段：

- filename：表示图像名称。
- size：表示图像尺寸，包括图像宽度、图像高度、图像深度。结构如下：

```
<size>
    <width>500</width>
    <height>375</height>
    <depth>3</depth>
</size>
```

- object：表示每个物体。具体标签及说明如表 10－1 所示。

表 10－1　object 字段的具体标签及说明

标签	说明
name	物体类别名称
pose	关于目标物体姿态的描述（非必须字段）
truncated	如果物体的遮挡超过 15%～20%，并且位于边界框之外，则标记为 truncated（非必须字段）
difficult	难以识别的物体标记为 difficult（非必须字段）
bndbox 子标签	（xmin，ymin）表示左上角坐标，（xmax，ymax）表示右下角坐标

2. MS COCO 数据集

MS COCO 的全称是 Microsoft Common Objects in Context。

COCO 数据集是一个大型的物体检测、分割的数据集。这个数据集以场景理解为目标，主要从复杂的日常场景中截取数据，图像中的目标通过精确的分割进行位置的标定。数据集包括 91 个类别，328000 张图片和 250000 个有关键点信息的人物。

通过代码自动下载 COCO 数据集的命令如下：

```
#通过代码自动下载 coco 数据集
python dataset/coco/download_coco.py
```

下载完成后，COCO 数据集的文件组织结构如图 10-6 所示。

```
>>cd dataset/coco/
>>tree
├── annotations
│   ├── instances_train2017.json
│   ├── instances_val2017.json
│   │   ...
├── train2017
│   ├── 000000000009.jpg
│   ├── 000000580008.jpg
│   │   ...
├── val2017
│   ├── 000000000139.jpg
│   ├── 000000000285.jpg
│   │   ...
│   ...
```

图 10-6　COCO 数据集的文件组织结构

COCO 数据集的标签文件标记了每个 segmentation 和 bounding box 的精确坐标，其精度均为小数点后两位。一个目标的标签如下：

```
{
"segmentation":[[392.87, 275.77, 402.24, 284.2, 382.54, 342.36, 375.99,
356.43,372.23,357.37,372.23,397.7,383.48,419.27,407.87,439.91,427.57,
389.25, 447.26, 346.11, 447.26, 328.29, 468.84, 290.77,472.59, 266.38],
[429.44,465.23, 453.83, 473.67, 636.73, 474.61, 636.73, 392.07, 571.07,
364.88,546.69,363.0]],
"area":28458.996150000003,
"iscrowd":0,
"image_id":503837,
"bbox":[372.23,266.38,264.5,208.23],
"category_id":4,
"id":151109
}
```

COCO 数据集是将所有训练图像的标注信息都存放到一个 JSON 文件中。数据以字典嵌套的形式存放。

JSON 文件中包含以下信息：

- info：表示标注文件 info。
- licenses：表示标注文件 licenses。
- images：表示标注文件中的图像信息列表，每个元素都是一幅图像的信息。

如下为其中一幅图像的信息：

```
{
    'license': 3,                                    # 序号
    'file_name': '000000391895.jpg',                 # 文件名称
    'coco_url': 'http://images.cocodataset.org/train2017/000000391895.jpg',
    'height': 360,                                   # 图片高度
    'width': 640,                                    # 图片宽度
    'date_captured': '2013-11-14 11:18:45',          # 图片生成的时间
    'flickr_url': 'http://farm9.staticflickr.com/8186/8119368305_4e622c8349_
z.jpg',
    'id': 391895                                     # 图片的 id
}
```

- annotations：表示标注文件中目标物体的标注信息列表，每个元素都是一个目标物体的标注信息。如下为其中一个目标物体的标注信息：

```
{
    'segmentation':                          # 物体的分割标注
    'area': 2765.1486500000005,              # 物体的区域面积
    'iscrowd': 0,                            # 是否为人群
    'image_id': 558840,                      #图片 id,指向该边界框所在的图片
    'bbox': [199.84,200.46,77.71,70.88],     # 边界框[左上角 x 坐标,左上角 y 坐标,宽 w,高 h]
    'category_id': 58,                       # 类别 id
    'id': 156                                # 边界框 id
}
```

10.3 PaddleDetection

1. 概述

PaddleDetection 为基于 PaddlePaddle 的端到端目标检测套件，内置 30 多个模型算法及 250 多个预训练模型，覆盖目标检测、实例分割、跟踪、关键点检测等方向，其中包括服务器端和移动端高精度、轻量级、产业级 SOTA 模型，冠军方案和学术前沿算法，并提供配置化的网络模块组件、10 余种数据增强策略和损失函数等高阶优化支持和多种部署方案，在打通数据处理、模型开发、训练、压缩、部署全流程的基础上提供丰富的案例及教程，加速算法产业落地应用。应用场景覆盖工业、智慧城市、安防、交通、零售、医疗等 10 余种行业，具体如图 10-7 所示。

在实际应用过程中，PaddleDetection 丰富的特性为开发者节省了大量时间，具体体现在模型丰富、使用简洁、端到端打通和高性能等方面，具体如下：

模型丰富：包含目标检测、实例分割、人脸检测、关键点检测、多目标跟踪等 250 多个预训练模型，涵盖多种全球竞赛冠军方案。

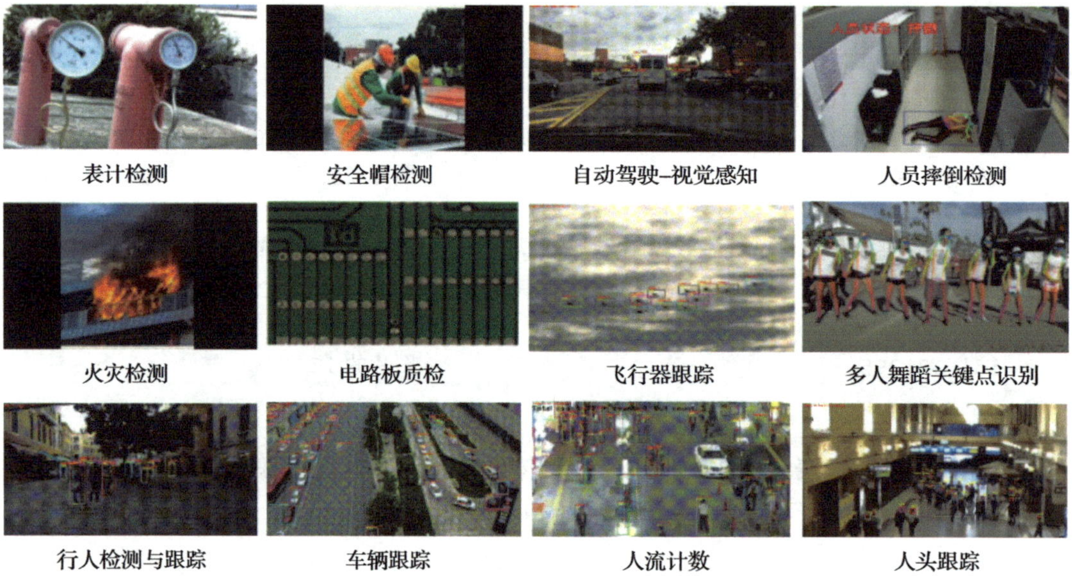

图 10－7　PaddleDetection 的应用场景

使用简洁：模块化设计，解耦各个网络组件，开发者能够轻松搭建、试用各种检测模型及优化策略，快速得到高性能、定制化的算法。

端到端打通：从数据增强、组网、训练、压缩、部署等方面进行端到端交互，并完备支持云端/边缘端多架构、多设备部署。

高性能：基于 PaddlePaddle 的高性能内核，模型训练速度及显存占用优势明显。支持 FP16 训练，支持多机训练。

2. 安装

PaddleDetection 需要在 PaddlePaddle 安装的基础上进行安装。PaddlePaddle 和 PaddleDetection 存在依赖关系，在使用过程中需要安装对应的版本，具体版本对应关系如表 10－2 所示。

表 10－2　PaddleDetection 版本和 PaddlePaddle 版本的对应关系

PaddleDetection 版本	PaddlePaddle 版本	备注
develop	2.2.2 或以上版本	默认使用动态图模式
release/2.4	2.2.2 或以上版本	默认使用动态图模式
release/2.3	2.2.0rc 或以上版本	默认使用动态图模式
release/2.2	2.1.2 或以上版本	默认使用动态图模式
release/2.1	2.1.0 或以上版本	默认使用动态图模式
release/2.0	2.0.1 或以上版本	默认使用动态图模式
release/2.0－rc	2.0.1 或以上版本	—

（续）

PaddleDetection 版本	PaddlePaddle 版本	备注
release/0.5	1.8.4 或以上版本	大部分模型在使用 1.8.4 版本或以上版本时即可运行，Cascade R-CNN 系列模型与 SOLOv2 依赖 2.0.0.rc 版本
release/0.4	1.8.4 或以上版本	PP-YOLO 依赖 1.8.4 版本
release/0.3	1.7 或以上版本	—

在本地查看 PaddlePaddle 安装是否成功并查看对应版本的命令如下：

```
# 在 Python 解释器中确认 PaddlePaddle 安装成功
>>> import paddle
>>> paddle.utils.run_check()

# 确认 PaddlePaddle 版本
python -c "import paddle; print(paddle.__version__)"
```

安装 PaddleDetection 的步骤如下：

第一步：复制 PaddleDetection 仓库。命令如下：

```
cd <path/to/clone/PaddleDetection>
git clone https://github.com/PaddlePaddle/PaddleDetection.git
```

第二步：安装其他依赖。命令如下：

```
cd PaddleDetection
pip install -r requirements.txt
```

第三步：编译并安装 PaddleDetection。命令如下：

```
python setup.py install
```

第四步：查看是否安装成功。运行代码如下：

```
python ppdet/modeling/tests/test_architectures.py
```

出现的结果如下：

```
...
----------------------------------------------------------------------
Ran 7 tests in 12.816s
OK
```

第五步：快速体验目标检测结果。代码如下：

```
# 在 GPU 上预测一张图片
export CUDA_VISIBLE_DEVICES=0
python tools/infer.py -c configs/ppyolo/ppyolo_r50vd_dcn_1x_coco.yml -o use_
gpu=true
weights=https://paddledet.bj.bcebos.com/models/ppyolo_r50vd_dcn_1x_coco.
pdparams --infer_img=demo/000000014439.jpg
```

此时会在 output 文件夹下生成一个绘制有预测结果的同名图像，如图 10-8 所示。

图 10-8　快速体验目标检测结果

10.4 用户数据处理

对于用户数据有 3 种处理方法：

1）将用户数据转换成 VOC 数据（根据需要仅包含物体检测所必需的标签即可）。

2）将用户数据转换成 COCO 数据（根据需要仅包含物体检测所必需的标签即可）。

3）自定义一个用户数据的 reader（对于较复杂的数据，需要自定义 reader）。

1. 用户数据转换成 VOC 数据

用户数据转换成 VOC 数据后的目录结构如下（注意，数据中的路径名、文件名尽量不要使用中文，避免中文编码问题导致出错）：

```
dataset/xxx/
├── annotations
│   ├── xxx1.xml
│   ├── xxx2.xml
│   ├── xxx3.xml
```

```
|   |  ...
├── images
|   ├── xxx1.jpg
|   ├── xxx2.jpg
|   ├── xxx3.jpg
|   |  ...
├── label_list.txt (必须提供,且文件名称必须是 label_list.txt )
├── train.txt (训练数据集文件列表, ./images/xxx1.jpg ./annotations/xxx1.xml)
└── valid.txt (测试数据集文件列表)
```

各个文件说明：

label_list. txt：是类别名称列表。

train. txt：是训练数据集文件列表。

valid. txt：是测试数据集文件列表。

2. 用户数据转换成 COCO 数据

./tools/提供了 x2coco. py，用于将 labelme 标注的数据、VOC 数据或 cityscape 数据转换为 COCO 数据。

labelme 标注的数据转换为 COCO 数据：

```
python tools/x2coco.py \
                --dataset_type labelme \
                --json_input_dir ./labelme_annos/ \
                --image_input_dir ./labelme_imgs/ \
                --output_dir ./cocome/ \
                --train_proportion 0.8 \
                --val_proportion 0.2 \
                --test_proportion 0.0
```

VOC 数据转换为 COCO 数据：

```
python tools/x2coco.py \
        --dataset_type voc \
        --voc_anno_dir path/to/VOCdevkit/VOC2007/Annotations/ \
        --voc_anno_list
path/to/VOCdevkit/VOC2007/ImageSets/Main/trainval.txt \
        --voc_label_list dataset/voc/label_list.txt \
        --voc_out_name voc_train.json
```

用户数据集转换成 COCO 数据后的目录结构如下（注意，数据集中的路径名、文件名尽量不要使用中文，避免中文编码问题导致出错）：

```
dataset/xxx/
├── annotations
│   ├── train.json  #COCO数据的训练标注文件
│   ├── valid.json  #COCO数据的验证标注文件
├── images
│   ├── xxx1.jpg
│   ├── xxx2.jpg
│   ├── xxx3.jpg
│   |   ...
...
```

3. 用户数据自定义 reader

如果数据集中有新的数据需要添加到 PaddleDetection 中，则可参考数据处理文档中的添加新数据源文档部分，开发相应代码，完成新的数据源支持。同时，数据处理具体代码解析等可阅读数据处理文档。

关于 Dataset 的配置文件存于 configs/datasets 文件夹。比如，COCO 数据集的配置文件如下：

```
metric: COCO #目前支持COCO、VOC、OID、WiderFace等评估标准
num_classes: 80 #num_classes 数据集的类别数,不包含背景类

TrainDataset:
  !COCODataSet
    image_dir: train2017 #训练集的图片所在文件相对于dataset_dir的路径
    #训练集的标注文件相对于dataset_dir的路径
    anno_path: annotations/instances_train2017.json
    dataset_dir: dataset/coco #数据集所在路径,相对于PaddleDetection的路径
    """
    控制dataset输出的sample所包含的字段,注意,此为训练集Reader独有的且必须配置
的字段
    """
    data_fields: ['image','gt_bbox','gt_class','is_crowd']

EvalDataset:
  !COCODataSet
    image_dir: val2017 #验证集的图片所在文件夹相对于dataset_dir的路径
    #验证集的标注文件相对于dataset_dir的路径
    anno_ path: annotations/instances_val2017.json
    dataset_dir: dataset/coco #数据集所在路径,相对于PaddleDetection的路径
```

```
TestDataset:
  ! ImageFolder
    # 标注文件所在路径,仅用于读取数据集的类别信息,支持 JSON 和 TXT 格式
    anno_path: annotations/instances_val2017.json
    """数据集所在路径,若添加了此行,则 anno_ path 路径为 dataset_dir/anno_ path;若此行不设置或去掉此行,则 anno_ path 路径为 anno_ path
    """
    dataset_dir: dataset/coco
```

在 PaddleDetection 的 yml 配置文件中，使用!直接序列化模块实例（可以是函数、实例等）。上述的配置文件均使用 dataset 进行了序列化。

注意：在运行前需要自行仔细检查数据集的配置路径。在训练或验证时，如果 TrainDataset 和 EvalDataset 的路径配置有误，则会提示自动下载数据集。若使用自定义数据集，在推理时如果 TestDataset 路径配置有误，则会提示使用默认 COCO 数据集的类别信息。

4. 用户数据转换示例

这里以 Kaggle 数据集中的比赛数据为例，说明如何准备自定义数据。Kaggle 中的 road-sign-detection 比赛数据包含 877 张图像，数据分为 4 类：crosswalk、speedlimit、stop、trafficlight。路标数据集示例如图 10－9 所示。

图 10－9　路标数据集示例图

```
#下载解压数据
>>cd $(ppdet_root)/dataset
#下载kaggle数据集并解压,当前文件组织结构如下

├── annotations
│   ├── road0.xml
│   ├── road1.xml
│   ├── road10.xml
│   │   ...
├── images
│   ├── road0.jpg
│   ├── road1.jpg
│   ├── road2.jpg
│   │   ...
```

将数据划分为训练集、验证集、测试集，代码如下：

```
#生成label_list.txt文件
>>echo -e "speedlimit\ncrosswalk\ntrafficlight\nstop" >label_list.txt

#生成train.txt、valid.txt和test.txt列表文件
>>ls images/*.png | shuf >all_image_list.txt
>>awk -F"/" '{print $2}' all_image_list.txt | awk -F".png" '{print $1}' |
awk -F"\t" '{print "images/"$1".png annotations/"$1".xml"}' >all_list.txt

#训练集、验证集、测试集的比例分别约为80%、10%、10%
>>head -n 88 all_list.txt >test.txt
>>head -n 176 all_list.txt | tail -n 88 >valid.txt
>>tail -n 701 all_list.txt >train.txt

#删除不用的文件
>>rm -rf all_image_list.txt all_list.txt
```

最终数据集文件组织结构为：

```
├── annotations
│   ├── road0.xml
│   ├── road1.xml
│   ├── road10.xml
│   │   ...
├── images
│   ├── road0.jpg
│   ├── road1.jpg
```

```
|    ├── road2.jpg
|    |   ...
├── label_list.txt
├── test.txt
├── train.txt
└── valid.txt
```

```
# label_list.txt 是类别名称列表,文件名必须是 label_list.txt
>>cat label_list.txt
crosswalk
speedlimit
stop
trafficlight

# train.txt 是训练数据集文件列表,每一行都是一幅图像的路径和对应标注文件路径,以空格分开。注意,这里的路径是数据集文件夹内的相对路径
>>cat train.txt
./images/road839.png ./annotations/road839.xml
./images/road363.png ./annotations/road363.xml
...

# valid.txt 是验证数据集文件列表,每一行都是一幅图像的路径和对应标注文件路径,以空格分开。注意,这里的路径是数据集文件夹内的相对路径
>>cat valid.txt
./images/road218.png ./annotations/road218.xml
./images/road681.png ./annotations/road681.xml
```

也可以从准备好的数据下载链接下载，并解压到 dataset/roadsign_voc/文件夹下。

准备好数据后，需要对数据有所了解，比如图像数量、图像尺寸、每一类目标区域个数、目标区域大小等。如果有必要，还要对数据进行清洗。

火灾烟雾检测

任务实施

任务背景

火灾初期通常会产生大量烟雾，这在很大程度上降低了火焰检测的有效性。通过计算机视觉的方法对烟雾进行监控，可以实现早期火灾预警。计算能力的提高、存储设备的发展，使得传统视觉技术中存在的问题逐渐得到改善或解决，助力智慧城市建设。

数据集介绍

本案例使用的数据集包含 MIT 协议互联网下载图片和 MIT 协议公开数据集，共有 6675 张图片，分别检测烟雾和火灾，图片示例如图 10-10 所示。

图 10－10　数据集内图片示例

数据集的文件格式是 VOC 数据格式。VOC 数据中的每个图像文件都对应一个同名的 . xml 文件。. xml 文件包含对应图片的基本信息，如文件名、来源、图像尺寸，以及图像中包含的物体区域信息和类别信息等。

实验思路

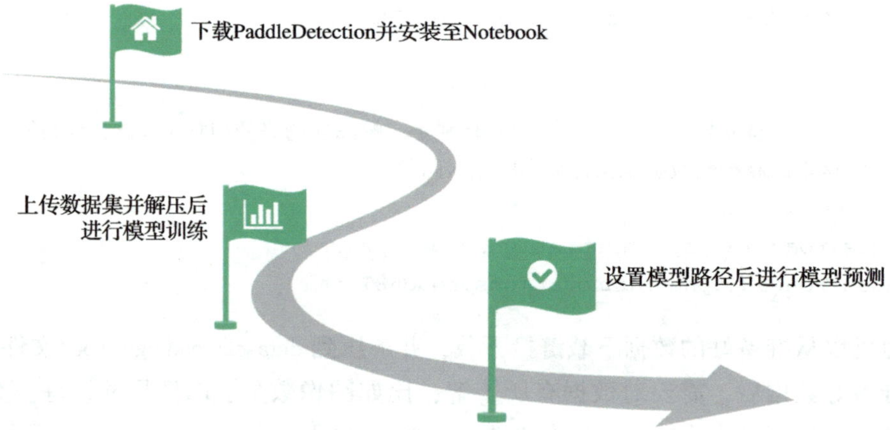

任务步骤

第一步：在 AI Studio 平台中下载 PaddleDetection 并安装至 Notebook。代码如下：

```
! cd  /home/aistudio/work&&git clone
https://gitee.com/PaddlePaddle/PaddleDetection.git -b develop
```

第二步：切换到 PaddleDetection 并安装相关的依赖。代码如下：

```
% cd  /home/aistudio/work/PaddleDetection/
! pip install -r requirements.txt      #安装项目必要的依赖
```

第三步：上传数据集并解压。代码如下：

```
% cd /home/aistudio/data/data118365/
! unzip fire_smoke.zip
```

第四步：配置 ppyolov2_r50vd_dcn_voc.yml 文件。路径为/home/aistudio/work/PaddleDetection/configs/ppyolo/ppyolov2r50vddcnvoc.yml，其中配置文件中的 epoch 可以根据实际情况调整，如果按原文件的设置，训练时间一般较长。代码如下：

```
BASE_: [
  '../datasets/voc.yml',
  '../runtime.yml',
  './_base_/ppyolov2_r50vd_dcn.yml',
  './_base_/optimizer_365e.yml',
  './_base_/ppyolov2_reader.yml',
]

snapshot_epoch: 2     # 保存模型 epoch 间隔
weights: output/ppyolov2_r50vd_dcn_voc/model_final     # 模型权重路径配置

TrainReader:
  mixup_epoch: 6    #数据增强的 epoch 数目,根据实际情况调整
  batch_size: 12    # 批次数目也可以适当进行调整


EvalReader:
  """
表示 reader 是否对 gt 进行组 batch 的操作,在 rcnn 系列算法中设置为 false,得到的 gt 格式为 list[Tensor]
  """
  collate_batch: false
epoch: 10   #总 epoch 数目,上面的 epoch 不能超过此处设置的数目

LearningRate:
  base_lr: 0.00333
  schedulers:
  - ! PiecewiseDecay
    gamma: 0.1
    milestones:
    - 466
    - 516
  - ! LinearWarmup
```

```
    start_factor: 0.
    steps: 4000

OptimizerBuilder:
  optimizer:
    momentum: 0.9
    type: Momentum
  regularizer:
    factor: 0.0005
    type: L2
```

说明：这里将总 epoch 数目设置为 10，设置训练时长 3h 左右。如果要提高检测精度，可以根据实际情况增加 epoch 数目。

第五步：配置数据读取路径为/home/aistudio/work/PaddleDetection/configs/datasets/voc.yml。示例代码如下：

```
metric: VOC
map_type: 11point
num_classes: 2

TrainDataset:
  ! VOCDataSet
    dataset_dir: /home/aistudio/data/data118365/fire_smoke/   # 数据集所在的文件夹
    anno_path: train_list.txt    # 训练集文件名
    label_list: labels.txt   # 标签文件名
    data_fields: ['image','gt_bbox','gt_class','difficult']

EvalDataset:
  ! VOCDataSet
    dataset_dir: /home/aistudio/data/data118365/fire_smoke/
    anno_path: val_list.txt    # 评估数据集文件名
    label_list: labels.txt
    data_fields: ['image','gt_bbox','gt_class','difficult']
```

第六步：模型训练。进入相应的路径，启动单卡训练，并选择训练配置，执行训练命令，代码如下：

```
config_path =
'/home/aistudio/work/PaddleDetection/configs/ppyolo/ppyolov2_r50vd_dcn_voc.yml'
# 配置文件
! export CUDA_VISIBLE_DEVICES=0    # 配置单卡,如果环境为多卡,则可以配置为 0、1、2、3
! python/home/aistudio/work/PaddleDetection/tools/train.py -c $config_ path   # 启动训练
```

运行代码，结果如图 10－11 所示（因输出内容较长，本图只截取最后结果部分）。

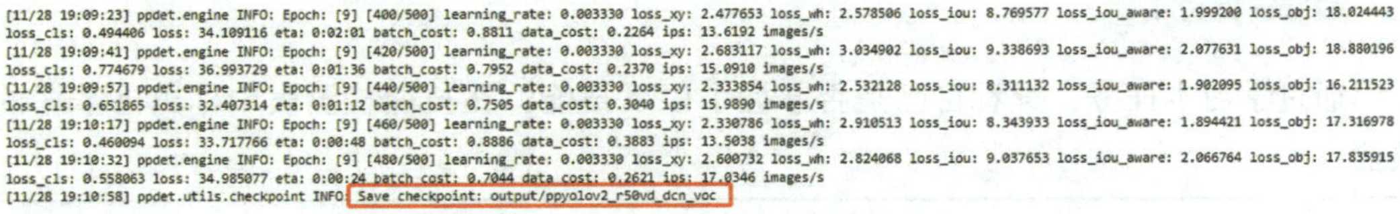

```
[11/28 19:09:23] ppdet.engine INFO: Epoch: [9] [400/500] learning_rate: 0.003330 loss_xy: 2.477653 loss_wh: 2.578506 loss_iou: 8.769577 loss_iou_aware: 1.999200 loss_obj: 18.024443
loss_cls: 0.494406 loss: 34.109116 eta: 0:02:01 batch_cost: 0.8811 data_cost: 0.2264 ips: 13.6192 images/s
[11/28 19:09:41] ppdet.engine INFO: Epoch: [9] [420/500] learning_rate: 0.003330 loss_xy: 2.683117 loss_wh: 3.034902 loss_iou: 9.338693 loss_iou_aware: 2.077631 loss_obj: 18.880196
loss_cls: 0.774679 loss: 36.993729 eta: 0:01:36 batch_cost: 0.7952 data_cost: 0.2370 ips: 15.0910 images/s
[11/28 19:09:57] ppdet.engine INFO: Epoch: [9] [440/500] learning_rate: 0.003330 loss_xy: 2.333854 loss_wh: 2.532128 loss_iou: 8.311132 loss_iou_aware: 1.902095 loss_obj: 16.211523
loss_cls: 0.651865 loss: 32.407314 eta: 0:01:12 batch_cost: 0.7505 data_cost: 0.3040 ips: 15.9890 images/s
[11/28 19:10:17] ppdet.engine INFO: Epoch: [9] [460/500] learning_rate: 0.003330 loss_xy: 2.330786 loss_wh: 2.910513 loss_iou: 8.343933 loss_iou_aware: 1.894421 loss_obj: 17.316978
loss_cls: 0.460094 loss: 33.717766 eta: 0:00:48 batch_cost: 0.8886 data_cost: 0.3883 ips: 13.5038 images/s
[11/28 19:10:32] ppdet.engine INFO: Epoch: [9] [480/500] learning_rate: 0.003330 loss_xy: 2.600732 loss_wh: 2.824068 loss_iou: 9.037653 loss_iou_aware: 2.066764 loss_obj: 17.835915
loss_cls: 0.558063 loss: 34.985077 eta: 0:00:24 batch_cost: 0.7044 data_cost: 0.2621 ips: 17.0346 images/s
[11/28 19:10:58] ppdet.utils.checkpoint INFO: Save checkpoint: output/ppyolov2_r50vd_dcn_voc
```

图 10－11　训练后的最后结果部分

第七步：设置模型路径。代码如下：

```
weight_path = '/home/aistudio/data/data118365/output/ppyolov2_r50vd_dcn_voc/model_final.pdparams'
```

第八步：模型预测。通过-c 选项指定待分析模型的配置文件的相对路径，通过-o weights 选定指定模型的权重，可以指定 URL 或本地文件系统的路径，代码如下：

```
! python /home/aistudio/work/PaddleDetection/tools/eval.py -c $config_path -o weights = $weight_path
```

预测结果如图 10－12 所示。通过图可以看出发生火灾的概率。

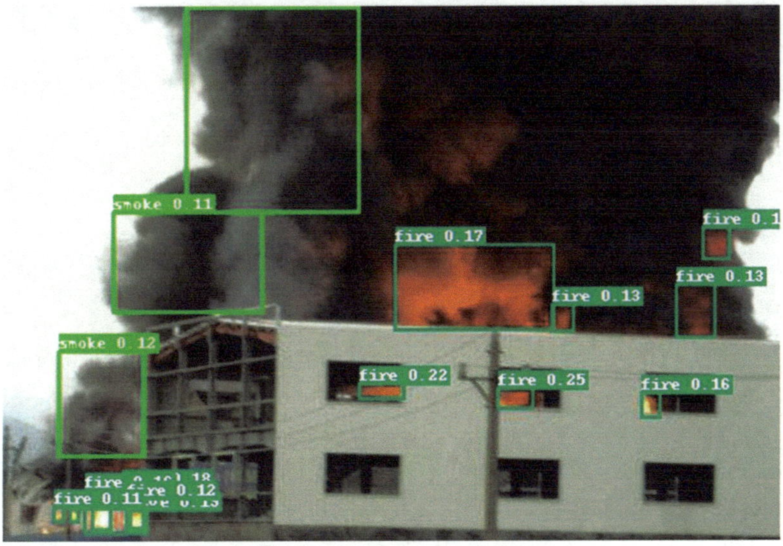

图 10－12　预测火灾概率的结果

任务小结

通过本任务的学习，读者应能够了解目标检测的概念和目标检测的应用场景，并能通过 PaddleDetection 端到端目标检测套件来实现火灾烟雾检测案例。同时，读者应了解常用的开源数据集，以及用户数据处理的方法与示例。

任务评价

通过学习本任务，查看自己是否掌握了以下技能，在技能检测表中标出已掌握的技能。

评价标准	自我评价（0~10 分）	小组评价（0~10 分）	教师评价（0~10 分）
是否熟悉目标检测的概念			
是否掌握了 PaddleDetection 的使用			
是否掌握用户数据处理的方法			

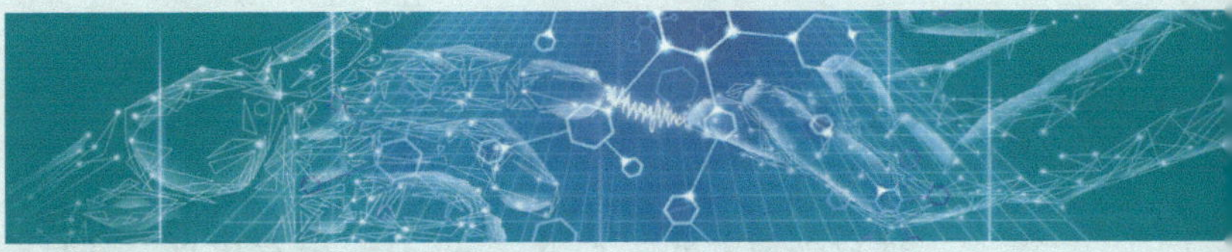

任务 11 PaddleHub 实现桃子分拣

任务目标

知识目标

1）掌握迁移学习的概念
2）了解什么是 PaddleHub
3）掌握 PaddleHub 的主要功能

技能目标

1）能够获取桃子分拣数据集
2）能够对桃子分拣使用的数据集进行数据处理
3）能够使用 PaddleHub 实现桃子分拣

素质目标

1）能够动手使用 PaddleHub 预训练模型管理工具
2）具有动手意识和团队意识

任务描述

迁移学习可以帮助处理标注数据不足的场景，使机器学习在没有大量标注数据的任务域中规模化应用。本任务通过使用 PaddleHub 预训练模型管理工具，来介绍迁移学习的概念与使用，完成桃子分拣案例。

任务准备

在实现桃子分拣的过程中，首先要弄清楚迁移学习的核心概念与其应对的问题，以及 PaddleHub 预训练模型管理工具的使用方法。本任务使用 peach 数据集实现桃子分拣的案例，是通过对百度开源的 PaddleHub 预训练模型管理工具来实现的。

11.1 迁移学习

迁移学习（Transfer Learning），顾名思义，就是要将知识进行迁移，其核心概念是找到新问题和原问题之间的相似性。比如在天气问题中，处于北半球某些地区的天气之所以相似，是因为它们的地理位置相似；而南北半球某些地区的天气之所以差异巨大，也是因为地理位置有根本不同。

其实，人类对于迁移学习的这种能力是与生俱来的。比如会打乒乓球，就可以类比学习打网球。再比如，如果已经会下中国象棋，就可以类比下国际象棋。因为这些活动之间，往往有着极高的相似性。生活中常用的“举一反三”和“照猫画虎”就很好地体现了“迁移学习”的思想。

当要将一个神经网络应用到一个没有充足数据的新领域中，同时又有一个巨大的预先训练的数据池可以迁移到新任务中时，迁移学习将是很有用的。

例如，用户可能只有 1000 张马的图片，但是通过改写一个现成的 CNN（例如 ResNet，该神经网络已经接受了超过 100 万张图片的训练），就能够获得许多底层级和中层级的特征定义。对于开发者和数据科学家来说，迁移学习有助于加速他们的 AI 训练工作流。

迁移学习属于深度学习的一个子研究领域。该研究领域的目标是利用数据、任务或模型之间的相似性，将在旧领域学习过的知识迁移并应用于新领域中。学习迁移学习，能够很好地解决深度学习中的以下几个问题：

1）一些研究领域只有少量标注数据，且数据标注成本较高，不足以训练出一个具有足够鲁棒性的神经网络。

2）大规模神经网络的训练依赖于大量的计算资源，这对于一般用户而言难以实现。

3）应对于普适化需求的模型，在特定应用上的表现不尽如人意。

11.2 PaddleHub

1. PaddleHub 概述

为了让开发者更便捷地应用迁移学习，百度 PaddlePaddle 开源了预训练模型管理工具 PaddleHub。开发者使用仅仅十余行的代码，就能完成迁移学习。

PaddleHub 是 PaddlePaddle 生态下的预训练模型的管理工具，旨在让 PaddlePaddle 生态下的开发者更便捷地享受到大规模预训练模型的价值。用户可以通过 PaddleHub 便捷地获取 PaddlePaddle 生态下的预训练模型，结合 Fine-tune API，可快速完成从迁移学习到应用部署的全流程工作，让预训练模型更好地服务于用户特定场景的应用。

当前，PaddleHub 已经可以支持文本、图像和视频三大类主流方向，为用户准备了大量高质量的预训练模型，可以满足用户各种应用场景的任务需求。PaddleHub 支持的预训练模型涵盖了图像分类、目标检测、词法分析、语义模型、情感分析、视频分类、图像生成、图像分割、文本审核、关键点检测等主流模型。进入百度 PaddlePaddle 官网后，用户可以单击首页上“学习模型”部分的“所有模型”链接，查看 PaddleHub 支持的所有预训练模型。如图 11－1 所示，页面的左侧导航栏中可以看到模型类型，并且在每个类型内，用户可以看到按照不同网络结构、不同预训练数据集等信息划分的近百个预训练模型。在导航栏右侧，可以看到对应类型支持的预训练模型简要信息，这些信息以页签的方式呈现，包括模型名称、使用场景类别（图像、文本或视频）、网络类型、预训练使用的数据集和简介等内容。如果用户希望查看某个预训练模型的具体信息，则可以单击对应页签进行查看。

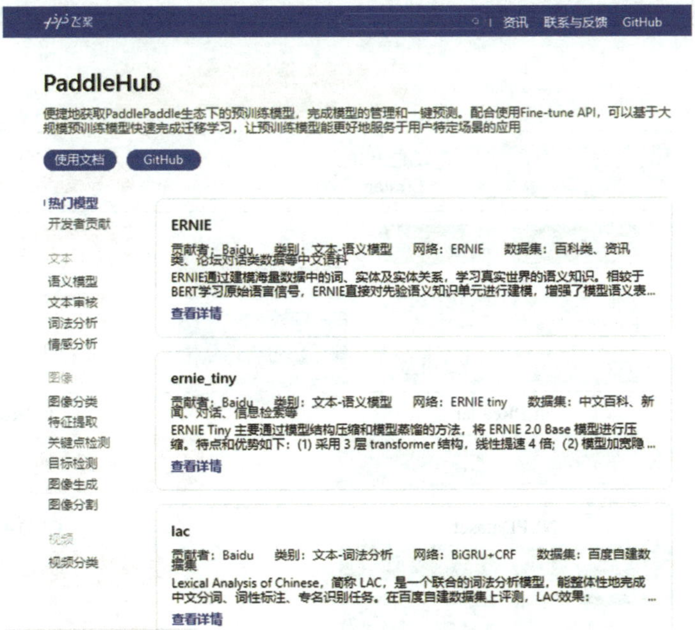

图 11－1　所有预训练模型界面

2. PaddleHub 的主要功能

PaddleHub 主要包括两个功能：命令行工具和 Fine-tune API。

（1）命令行工具　PaddleHub 借鉴了 Anaconda 和 PIP 等软件包管理的理念，开发了命令行工具，可以方便、快捷地完成模型的搜索、下载、安装、预测等功能，对应的关键命令包括 search、download、install、run 等。

run 命令用于执行 Module 的预测。对于 NLP 任务，输入数据通过 --input_text 指定。以百度 LAC 模型（中文词法分析）为例，可以通过以下命令实现单行文本分析：

```
# 单行文本预测
$ hub run lac --input_text "今天是个好日子"
```

对于 CV 任务，输入数据通过 --input_path 指定。以 SSD 模型（单阶段目标检测）为例子，可以通过以下命令实现单张图片的预测：

```
#使用 SSD 检测模型对图片进行目标检测,第一条命令用于下载图片
#第二条命令用于执行预测,用户也可以自己准备图片
$ wget --no-check-certificate
https://paddlehub.bj.bcebos.com/resources/test_img_bird.jpg
$ hub run ssd_mobilenet_v1_pascal --input_path test_img_bird.jpg
```

（2）Fine-tune API　PaddleHub 提供了基于 PaddlePaddle 实现的 Fine-tune API，重点针对大规模预训练模型的 Fine-tune 任务进行高阶的抽象，让预训练模型能更好地服务于用户特定场景的应用。大规模预训练模型结合 Fine-tune API，可以在更短的时间完成模型的收敛，同时具备更好的泛化能力。PaddleHub API 的全景图如图 11-2 所示。

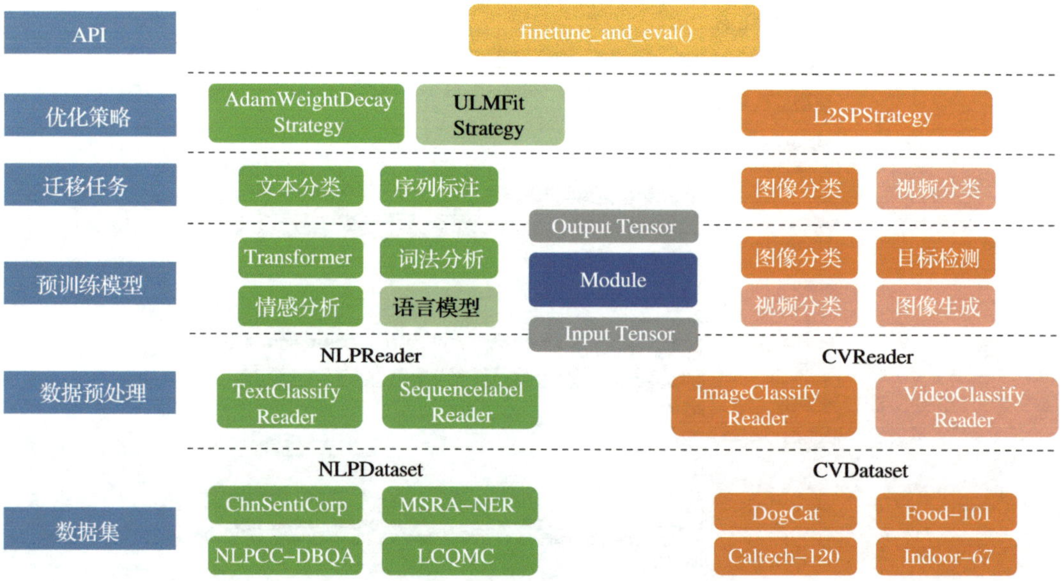

图 11-2　PaddleHub API 的全景图

Fine-tune：对一个迁移任务 Task 进行 Fine-tune，并且定期进行验证集评估。在执行 Fine-tune 的过程中，接口会定期地保存 checkpoint（模型和运行数据）。当运行被中断时，通过运行配置 RunConfig 指定上一次运行的 checkpoint 目录，可以直接从上一次运行的最后一次评估中恢复状态继续运行。

迁移任务 Task：在 PaddleHub 中，Task 代表了一个 Fine-tune 的任务。任务中包含了与执行该任务相关的 program 以及与任务相关的一些度量指标（如分类准确率 accuracy、precision、recall、F1-score 等）、模型损失等。

优化策略 Strategy：在 PaddleHub 中，Strategy 类封装了一系列适用于迁移学习的 Fine-tune 策略。Strategy 包含了对预训练参数使用什么学习率变化策略。

预训练模型 Module：Module 代表了一个可执行的模型。这里的可执行指的是，

Module 可以直接通过命令行 hub run ${MODULE_NAME} 执行预测，或者通过 context 接口获取上下文后进行 Fine-tune。在生成一个 Module 时，支持通过名称、URL 或者路径创建 Module。

数据预处理 Reader：PaddleHub 的数据预处理模块 Reader 对常见的 NLP 和 CV 任务进行了抽象。

数据集 Dataset：PaddleHub 提供多种 NLP 任务和 CV 任务的数据集，可供用户下载。用户也可以在自定义数据集上完成 Fine-tune。

(3) PaddleHub 提供的预训练模型　为了更好地应用 PaddleHub 的各种能力，需要知道 PaddleHub 集成了哪些模型。PaddleHub 提供的预训练模型涵盖了文本、图像、视频、语音、工业应用等主流模型。PaddleHub 已有 300 多个分布在各领域的预训练模型，其中，各领域均有百度独有数据训练或独有技术积累的模型，如表 11－1 所示。

表 11－1　PaddleHub 特色预训练模型

预训练模型	任务类型	数据集
ResNet	图像分类	猫狗数据集 DogCat
ERNIE	文本分类	中文情感分类数据集 ChnSentiCorp
ERNIE	文本分类	中文新闻分类数据集 THUNEWS
ERNIE	序列标注	中文序列标注数据集 MSRA_NER
ERNIE	序列标注	中文快递单数据集 Express
ERNIE Tiny	文本分类	中文情感分类数据集 ChnSentiCorp
Senta	文本分类	中文情感分类数据集 ChnSentiCorp
Senta	情感分析预测	N/A
LAC	词法分析	N/A
Ultra-Light-Fast-Generic-Face-Detector-1MB	人脸检测	N/A
pyramidbox_lite_mobile_mask	口罩检测	N/A
deeplabv3p_xception65_humanseg	人像分割	N/A
Senta	情感分析预测	N/A

任务实施

数据集介绍

桃子分拣

在大型的水果种植园，每到丰收的季节，为了分拣水果，农场主都会雇佣大量的分拣工人，这会导致产生大量人力成本。同时，人工分拣水平不一，使农场主收益受到很大影响。然而，如今智能水果分拣系统的出现，可以自动根据设置的农作物品级进行分拣，降低人力成本。本任务使用百度提供的 peach 数据集。

本任务提供的数据文件，已经包含了分割好的训练集、验证集、测试集的索引和标注文件。用户利用 PaddleHub 迁移 CV 类任务时使用自定义数据，则需要自行切分数据集，将数据集切分为训练集、验证集和测试集。系统需要 3 个文本文件来记录对应的图片路径和标签，此外还需要一个标签文件来记录标签的名称。相关方法可参考自定义数据集。该桃子分拣系统按照桃子品相分为 4 个等级。其中：

R0 为最好：颜色红且果实较大。

B1 为次优：果实较大，颜色较红。

M2 为中等：果实中等。

S3 为较差：果实个头比较小。

数据分为训练集、验证集和测试集。训练集中每种桃子的图片各 1500 张，验证集中每种桃子的图片各 100 张，测试集中每种桃子的图片各 15 张。

data：数据目录。

train_list. txt：训练集数据列表。

test_list. txt：测试集数据列表。

validate_list. txt：验证集数据列表。

label_list. txt：标签列表。

训练集、验证集和测试集的数据列表文件的格式如下（列与列之间以空格键分隔）：

图片 1 路径 图片 1 标签

图片 2 路径 图片 2 标签

……

label_list. txt 的格式如下：

分类 1 名称

分类 2 名称

……

实验思路

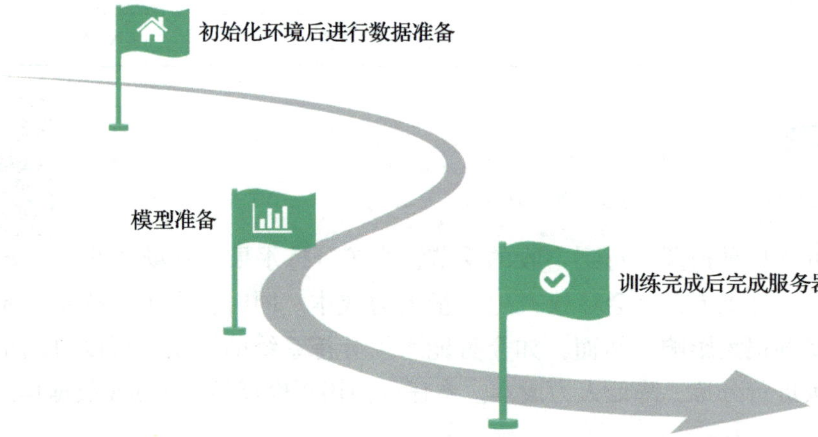

任务步骤

第一步：准备环境。安装 PaddleHub。为了保证最新版本稳定，代码如下：

```
! pip install paddlehub==2.0.4 -i https://pypi.tuna.tsinghua.edu.cn/simple
```

第二步：解压数据集。代码如下：

```
! unzip -q -o ./data/data67225/peach.zip -d ./work
```

第三步：使用 PaddleHub 完成数据读取器的构建。构建数据读取 Python 类，并继承 paddle. io. Dataset 这个类完成数据读取器构建，代码如下：

```
#coding:utf-8
import os
import paddle
import paddlehub as hub
class DemoDataset(paddle.io.Dataset):
    def __init__(self, transforms, num_classes=4, mode='train'):
        # 数据集存放位置
        self.dataset_dir = "./work/peach-classification"
        #dataset_dir 为数据集实际路径,需要填写全路径
        self.transforms = transforms
        self.num_classes = num_classes
        self.mode = mode
        if self.mode == 'train':
            self.file = 'train_list.txt'
        elif self.mode == 'test':
            self.file = 'test_list.txt'
        else:
            self.file = 'validate_list.txt'
            self.file = os.path.join(self.dataset_dir, self.file)
            self.data = []
            with open(self.file, 'r') as f:
            for line in f.readlines():
                line = line.strip()
                if line ! = '':
                    self.data.append(line)
                def __getitem__(self, idx):
        img_path, grt = self.data[idx].split('')
        img_path = os.path.join(self.dataset_dir, img_path)
        im = self.transforms(img_path)
        return im, int(grt)
    def __len__(self):
        return len(self.data)
```

第四步：对原始数据做一些数据处理的工作，比如数据格式的规范化处理，或增加一些数据增强策略。对数据预处理及加载数据集，代码如下：

```
import paddlehub.vision.transforms as T
transforms = T.Compose(
        [T.Resize((256, 256)),
        T.CenterCrop(224),
        T.Normalize(mean = [0.485, 0.456, 0.406], std = [0.229, 0.224, 0.225])],
        to_rgb = True)
peach_train = DemoDataset(transforms)
peach_validate = DemoDataset(transforms, mode = 'val')
```

第五步：模型准备。桃子分类是一个图像分类任务，主要使用 ResNet50 模型，并且使用预训练模型中微调过的 ImageNet 数据集，代码如下：

```
#安装预训练模型
! hub install resnet50_vd_imagenet_ssld == 1.1.0
# 加载模型
import paddlehub as hub
model = hub.Module(name = 'resnet50_vd_imagenet_ssld', label_list = ["R0", "B1",
"M2", "S3"])
```

第六步：定义好模型后，开始设置训练的策略。代码如下：

```
from paddlehub.finetune.trainer import Trainer
import paddle
optimizer = paddle.optimizer.Adam(learning_rate = 0.001, parameters = model.
parameters())
trainer = Trainer(model, optimizer, checkpoint_dir = 'img_classification_
ckpt', use_gpu = True)
trainer.train(peach_train, epochs = 10, batch_size = 16, eval_dataset = peach_
validate, save_interval = 1)
```

对于以上代码，Adam()中的参数介绍如下：

learning_rate：全局学习率。默认为 0.001。

parameters：待优化模型参数。

运行配置 Trainer 主要控制 Fine-tune 的训练，包含以下可控制的参数：

model：被优化模型。

optimizer：优化器选择。

checkpoint_dir：保存模型参数的地址。

trainer.train 主要控制具体的训练过程，包含以下可控制的参数：

epochs：训练轮数。

batch_size：训练的批大小。如果使用 GPU，可根据实际情况调整 batch_size。

eval_dataset：验证集。

save_interval：保存模型的间隔频次，单位为执行训练的轮数。

第七步：模型预测。代码如下：

```
import paddle
import paddlehub as hub
result =model.predict(['./work/peach-classification/test/M2/0.png'])
print(result)
```

图 11 -3 所示为加载模型后的实际预测结果（这里只测试了一张图片），返回的是预测的实际结果。可以看到传入待预测的是 M2 类别的桃子照片，经过 Fine-tune 之后的模型预测的结果也是 M2。此时成功完成了桃子分类的迁移学习。

```
[{'M2': 0.99999785}]
```

图 11 -3　加载模型后的实际预测结果

任务小结

通过本任务的学习，读者应能够了解迁移学习的概念，能够掌握迁移学习主要解决的问题，并能通过使用 PaddleHub 预训练模型管理工具来实现桃子分拣案例。同时，读者应了解 PaddleHub 预训练模型管理工具的使用。本任务作为图形处理的进阶案例，希望读者可以完善对图形处理的理解。

任务评价

通过学习本任务，查看自己是否掌握了以下技能，在技能检测表中标出已掌握的技能。

评价标准	自我评价（0~10 分）	小组评价（0~10 分）	教师评价（0~10 分）
是否熟悉迁移学习的核心概念			
是否掌握了 PaddleHub 的使用			

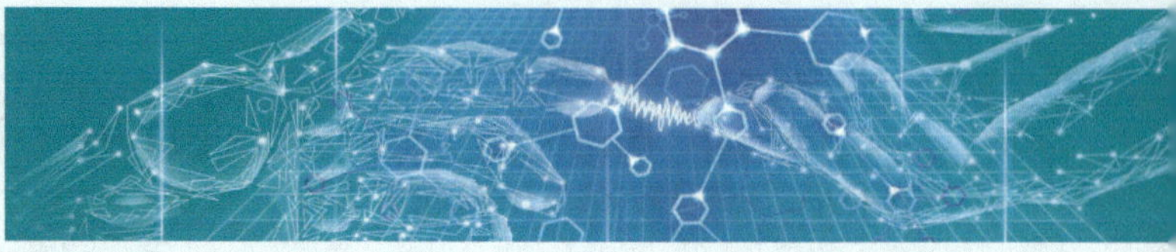

任务 12 使用 EasyDL 实现图像分类

任务目标

知识目标

1）掌握 EasyDL 的概念

2）了解 EasyDL 的应用场景

3）熟悉 EasyDL 的优势

技能目标

1）能够提前准备训练数据

2）能够使用 EasyDL 训练图像分类模型

3）能够使用 EasyDL 调用模型

素质目标

1）具有动手意识和团队意识

2）具有持续自主学习的能力

任务描述

EasyDL 是百度推出的定制化的图像识别平台，用户只需要几步就可以做出简单的模型。本任务以猫狗识别模型为例演示图像分类模型训练全过程。

任务准备

图像分类模型主要用于识别一张图中是否是某类物体、状态或场景，主要适用于图片中主体或状态单一的情况。本任务要求了解 EasyDL 平台的使用方法与优势，最后在 EasyDL 平台中使用猫狗图片的简单数据集实现猫狗分类的案例。

12.1 什么是 EasyDL

EasyDL 是百度研发的针对各行各业有定义 AI 需求的企业研发的一款设计简约、极易理解、容易上手、训练模型轻松的平台，提供从数据采集、标注、清洗到模型训练、部署的一站式 AI 开发能力。

EasyDL 根据采集到的原始图像、文本、音频、视频等数据进行加工，学习部署后，可以通过公有云 API 调用或本地服务器部署。同时根据企业用户的应用场景及深度学习的技术方向，EasyDL 推出了 6 个通用产品和 1 个行业产品。

- EasyDL 图像：定制基于图像进行多样化分析的 AI 模型，实现图像内容理解分类、图中物体检测定位等，适用于图片内容检索、安防监控、工业质检等场景。
- EasyDL 文本：定制基于文心大模型的语义理解 AI 模型，提供一整套文本定制与应用功能，适用于文本内容审核、文本自动生成、留言分类、电商评价打分等场景。
- EasyDL 语音：定制语音识别模型，精准识别业务专有名词，适用于数据采集录入、语音指令、呼叫中心等场景；定制声音分类模型，适用于区分不同声音类别等场景。
- EasyDL OCR：定制文字识别模型，结构化输出关键字段内容，满足个性化卡证票据识别需求，适用于证照电子化审批、财税报销电子化等场景。
- EasyDL 视频：定制基于视频片段内容进行分类的 AI 模型，适用于区分不同短视频类别等场景；定制目标追踪 AI 模型，实现跟踪视频中特定的目标对象及轨迹，适用于视频内容审核、人流/车流统计、养殖场牲畜移动轨迹分析等场景。
- EasyDL 结构化数据：挖掘数据中隐藏的模式，解决二分类、多分类、回归等问题，适用于客户流失预测、欺诈检测、价格预测等场景。
- EasyDL 零售行业版：面向零售场景的 ISV、零售行业服务商等企业用户，提供基于商品识别场景的 AI 服务解决方案，适用于货架巡检、自助结算台、无人零售柜等场景。

12.2 EasyDL 应用场景

EasyDL 简单易学，主要应用于工业生产、图像监控和识别等方面。其中，在工业质检方面，可以用于产品组装合格性检查和商品瑕疵检测；在电商或网站图片分析中，主要用于为海量图片打分类标签和定制图像审核策略；在安防监控方面，主要用于生产环境安全监控和超市防损监控、货物状态监控等。例如，在超市结算台下层安装摄像头，将视频抽帧为图片后可判断图片中有无未结算商品，就是使用 EasyDL 平台实现的物体检测，如图 12－1 所示。

图 12-1　EasyDL 检测商品

12.3 EasyDL 的优势

EasyDL 提供围绕 AI 开发、部署的端到端一站式功能，包括数据采集、标注、清洗、模型训练、模型评估、模型部署。平台设计简约，极易理解，最快 5min 即可上手，15min 完成模型训练，具有高精度、低成本、适配广等优势。

1）高精度体现在框架底层是由百度自主研发的深度学习框架 PaddlePaddle 构建的，内置百度文心大模型底座基础之上的成熟训练模型，并结合百度自主研发的 AutoDL 技术。其中，文心大模型面向语言理解、语言生成等场景。使用该模型可实现超强的自然语言理解功能和对话生成、文学创作等。AutoDL 技术主要面向计算机视觉，同时结合网络结构搜索和迁移学习技术，对用户数据进行算法自动优化。

2）低成本体现在 EasyDL 提供了数据上传、采集、智能标注和云服务数据回流等多种低成本的数据管理服务，能够降低开发者训练数据处理成本。其中，智能标注是一套人机交互的协作标注方式，在手工标注少量数据后，系统会从数据集所有样本中筛选出最关键的示例并提示需优先标注。云服务数据回流可以将实际调用后的业务场景真实数据集识别结果在平台中进行查看和管理，对识别错误的图片结果进行人工筛选后保存至数据集，然后持续训练，提高模型效果。

3）适配广体现在可以将模型部署在公有云服务器、本地服务器、小型设备、软硬一体机等设备上，通过 API 或 SDK 进行集成，充分满足各种业务场景对模型部署的要求。

任务实施

任务背景

EasyDL 可以实现图像分类、目标检测、文本分类等应用。本任务通过对图像进行分类讲解 EasyDL 的使用步骤。

实验思路

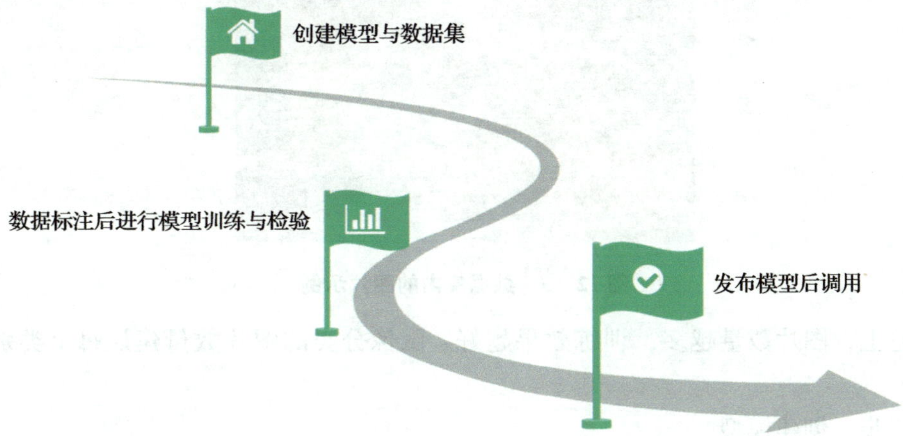

任务步骤

第一步：成为百度 AI 开放平台的开发者。

要使用百度 EasyDL 的模型训练功能，首先需要注册以成为百度 AI 开放平台的开发者，此过程需要约 5min（如果已经是开发者，则可直接登录使用）。

如图 12－2 所示，快速注册一个百度账号。

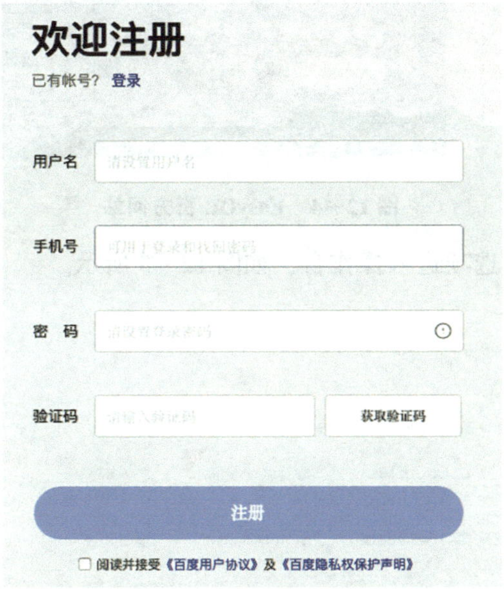

图 12－2　注册百度账号

第二步：提前准备训练数据。

需要提供不同类别的图片并标注图片才能训练图像分类模型，才能自动识别图片中是否包含某类物体、状态、场景。这次训练所需的图片示例如图 12－3 所示。

图 12－3　数据集内的图片示例

理论上，图片数量越多，训练效果越好。图像分类的图片数量建议每个类别不低于 20 张。

第三步：创建模型。

进入 EasyDL 官方网站，单击“立即使用”按钮，如图 12－4 所示。

图 12－4　EasyDL 官方网站

选择“图像分类”选项进入操作台，如图 12－5 所示。

图 12－5　选择“图像分类”选项

在打开界面的“模型中心”下选择“创建模型”选项，如图 12－6 所示。

图 12－6　选择“创建模型”选项

在弹出的界面中输入模型信息，完成后单击“完成”按钮，如图 12－7 所示。

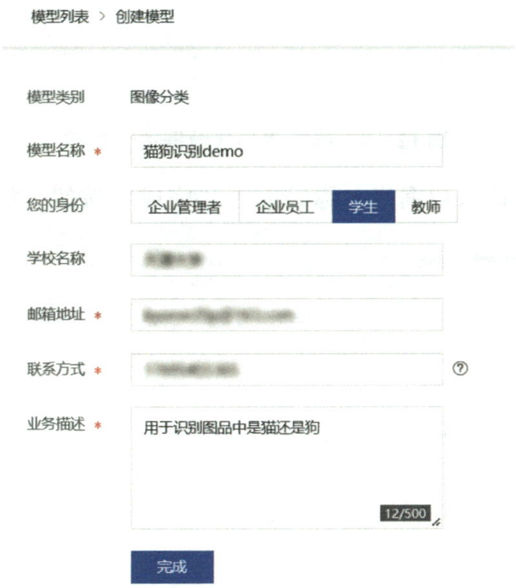

图 12－7　输入模型信息

模型创建完成后可选择图 12－6 左侧栏中的“我的模型”选项，查看已创建的模型，如图 12－8 所示。

第四步：创建数据集。

在“数据总览”界面中单击“创建数据集”按钮，如图 12－9 所示。

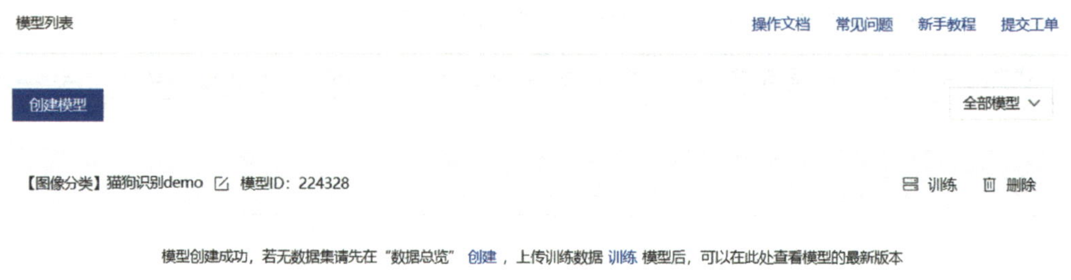

图 12－8　查看已创建的模型

图 12－9　单击“创建数据集”按钮

在数据集创建界面输入数据集名称后单击“完成”按钮，如图 12－10 所示。

图 12－10　输入数据集名称

数据集创建完成后可选择“数据总览”选项，查看已创建完成的数据集，如图 12－11 所示，单击“导入”按钮跳转至数据导入界面。

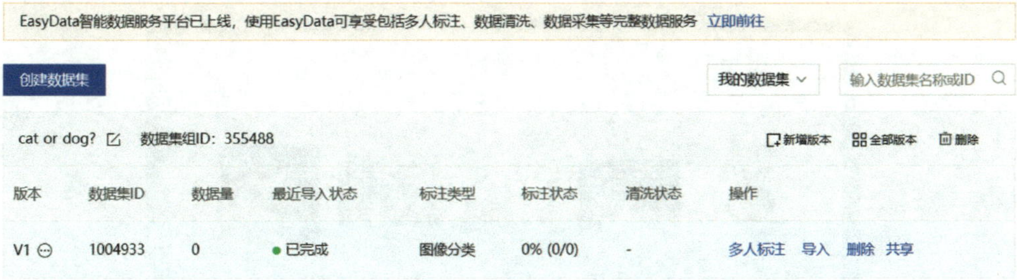

图 12－11　数据导入界面

数据导入支持无标注信息、有标注信息两种数据标注状态的数据及多种导入方式。图 12－12 所示为无标注信息—本地导入—上传图片的导入方式示例。

选择数据标注状态及导入方式后单击“上传图片”按钮。

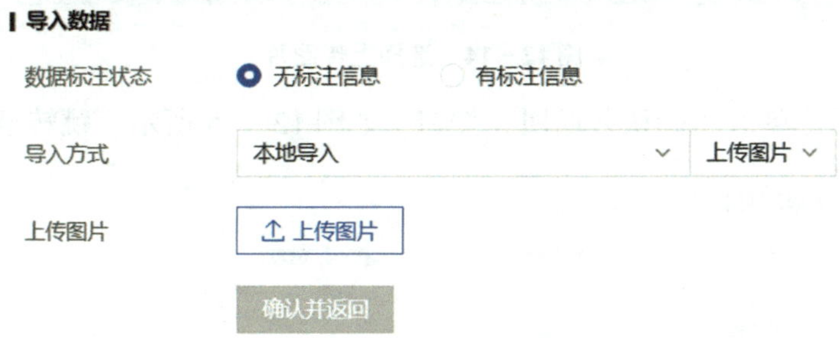

图 12－12　导入数据

上传图片时，一定要注意格式要求，如图 12－13 所示。

图 12－13　上传图片

选择好图片后，单击“开始上传”按钮，如图 12－14 所示。

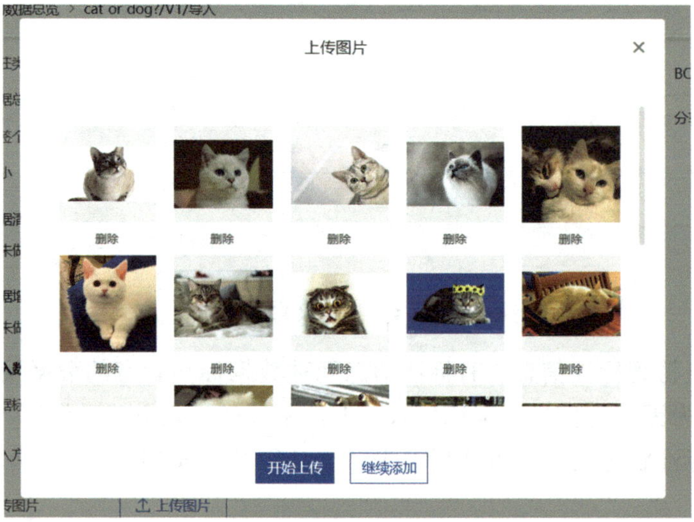

图 12－14　选择上传图片

上传完成后，单击“确认并返回”按钮，如图 12－15 所示，跳转至数据总览页。

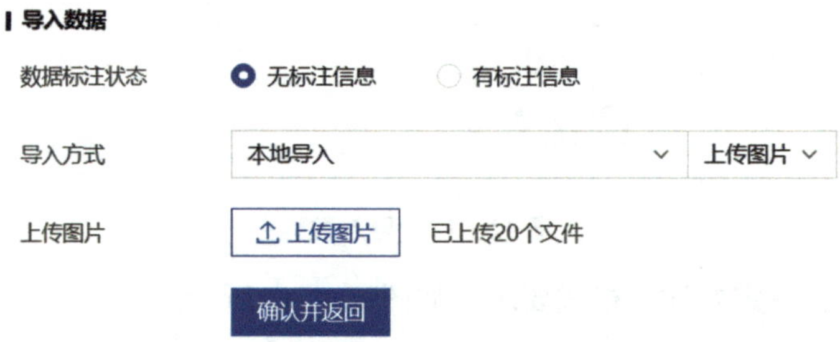

图 12－15　单击“确认并返回”按钮

在数据总览页可看到所建数据集。图片上传到平台需要一段时间，等待片刻并刷新页面后，待状态由“正在导入”转变为“已完成”，即为导入成功。查看上传状态，如图 12－16 所示。

图 12－16　查看上传状态

第五步：数据标注。

在数据总览页找到需要标注的数据集，单击“查看与标注”按钮，跳转至标注页面，如图 12－17 所示。

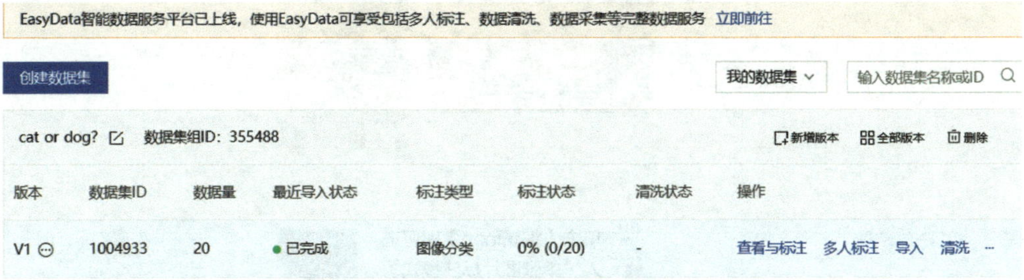

图 12－17　准备进行数据标注

在左侧标签栏，单击“添加标签”按钮添加数据集标签，如图 12－18 所示。

图 12－18　单击“添加标签”按钮

分别输入 dog、cat，并单击“确定”按钮添加数据标签，如图 12－19 所示。

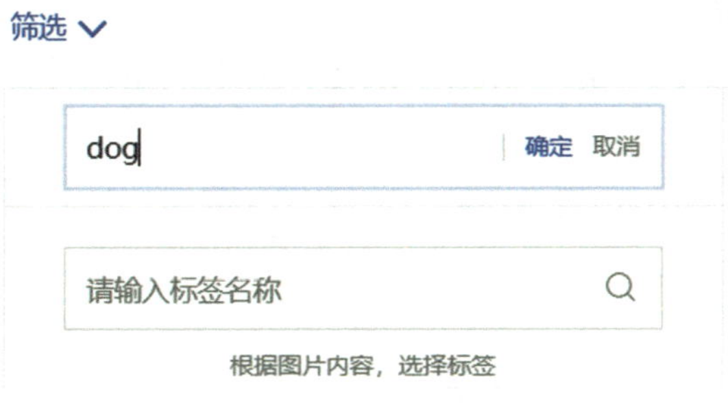

图 12－19　为标签命名

单击图片右下角的图标进入数据标注界面，如图 12－20 所示。

图 12－20　进入数据标注界面

在当前图片的右侧标签栏内选择某一类别，代表为图片打上相应的标签，保存标注结果后自动跳转至下一张。标注完所有图片后，该数据集便可用于后续模型训练。数据标注完成如图 12－21 所示。

图 12－21　数据标注完成

第六步：模型训练。

数据集准备完成后，单击“训练”按钮，进入模型训练配置阶段，如图 12－22 所示。

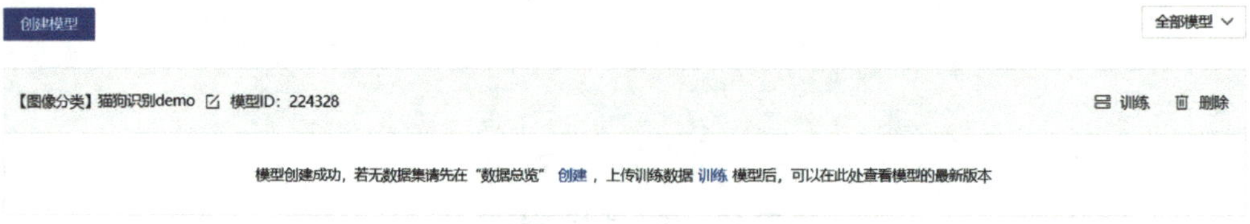

图 12－22　进入模型训练配置阶段

根据需求设置模型各项配置后，添加训练数据集，单击“开始训练”按钮，如图 12－23 所示。

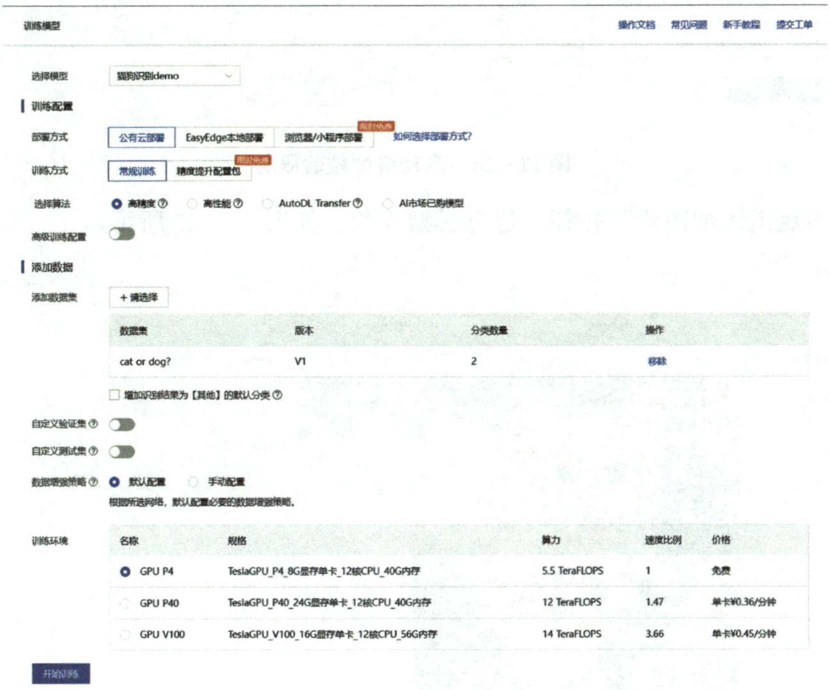

图 12－23　开始训练模型

在模型列表下，可以看到处于训练状态的模型，将鼠标指针放置到感叹号图标处，即可查看训练进度，如图 12－24 所示。

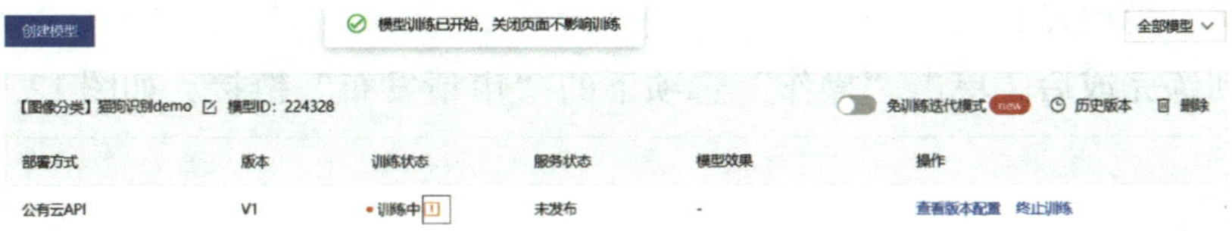

图 12－24　查看训练进度

第七步：模型校验。

模型训练完成后，可在模型列表的“操作”选项单击“校验”链接，如图 12－25 所示。

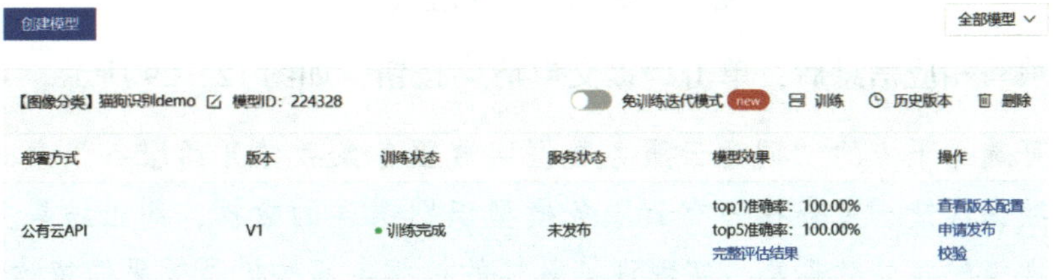

图 12－25　准备校验模型

单击“启动模型校验服务”按钮，如图 12－26 所示。此时需等待几分钟。

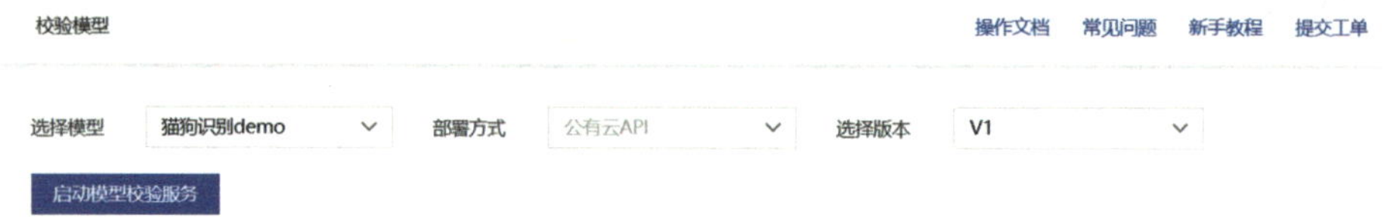

图 12－26　启动模型校验服务

单击“点击添加图片”按钮，进行模型校验，如图 12－27 所示。

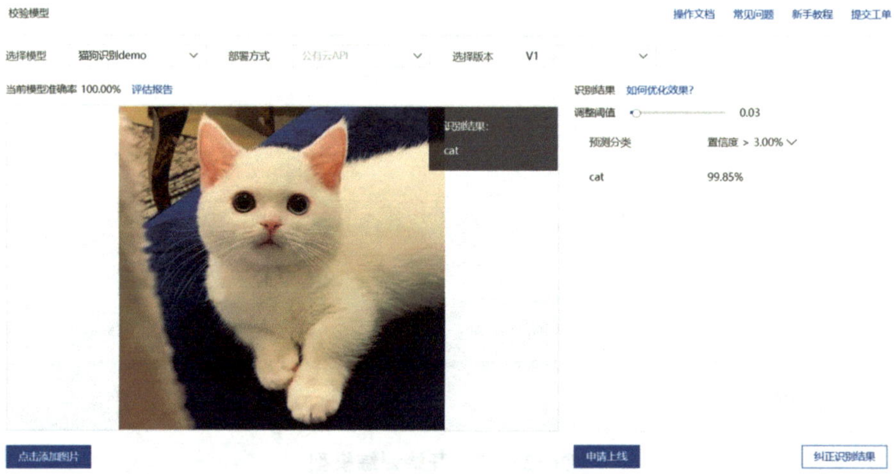

图 12－27　进行模型校验

此时可以单击“申请上线”按钮，进行模型发布，跳转到模型发布界面。

第八步：模型发布。

模型训练完成后，单击“操作”选项下的“申请发布”链接，如图 12－28 所示。

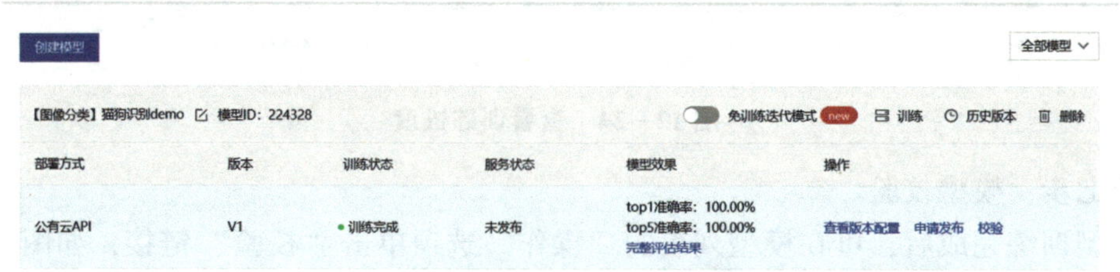

图 12－28　申请发布上线模型

按要求填写相应信息后，单击“提交申请”按钮，如图 12－29 所示。

注意： 可选择下方的“同意云服务数据回流服务条款并开通服务”复选框，通过云服务调用数据反馈，可查找公有云服务模型识别错误的数据，纠正结果并将其加入下一次用于训练模型的数据集，实现训练数据的持续丰富和模型效果的持续优化。

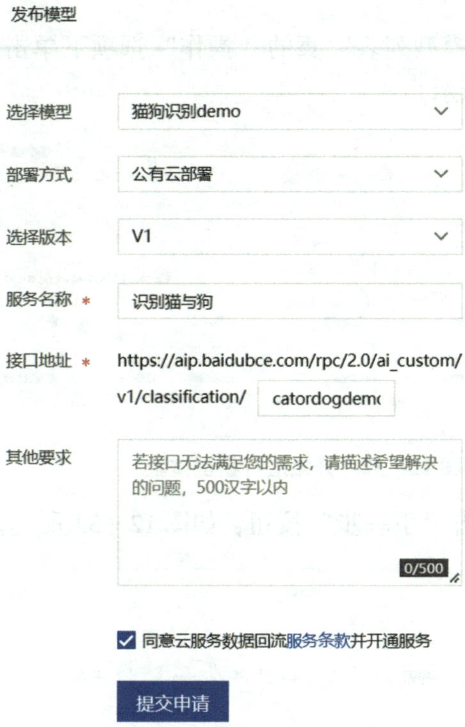

图 12－29　提交申请

提交申请后跳转至“模型列表”页面，服务状态变为“发布中”，如图 12－30 所示。

图 12－30　查看发布状态

等待几分钟，此状态就会变为“已发布”，即发布成功，如图 12－31 所示。

图 12－31　模型发布成功

第九步：体验 H5。

模型发布成功后，可在“模型列表”页的“操作”选项下单击“体验 H5”链接，进行模型体验，如图 12－32 所示。

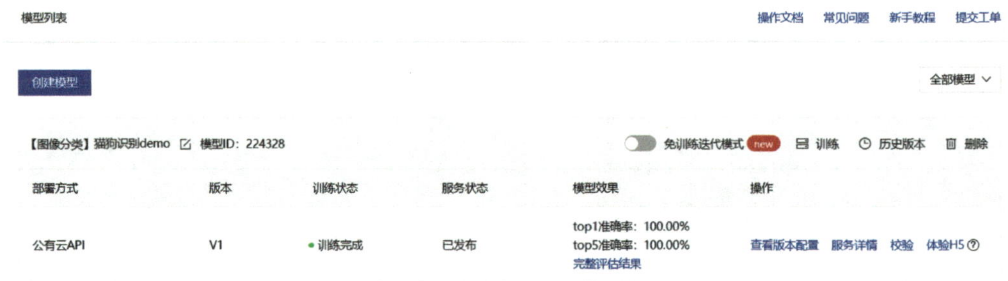

图 12－32 开始进行模型体验

选择体验 H5 的模型并单击“下一步”按钮，如图 12－33 所示。

图 12－33 选择要调用的模型

自定义样式后单击“生成 H5”按钮，如图 12－34 所示。

图 12－34 生成 H5

使用手机扫描生成的二维码（见图 12－35）即可在手机端体验模型效果。

图 12－35　生成的二维码

第十步：模型调用。

在 EasyDL 的“模型列表”页中的“操作”选项下单击“服务详情”链接，如图 12－36 所示，会获取接口地址。

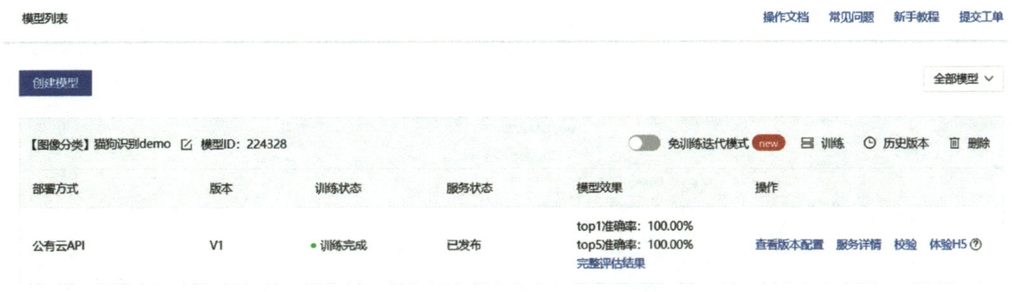

图 12－36　获取接口地址

此接口地址在模型调用代码中会用到，单击“立即使用”按钮，如图 12－37 所示。

图 12－37　查看接口地址并使用

登录 EasyDL 控制台，单击“创建应用”按钮，创建一个应用，如图 12－38 所示。

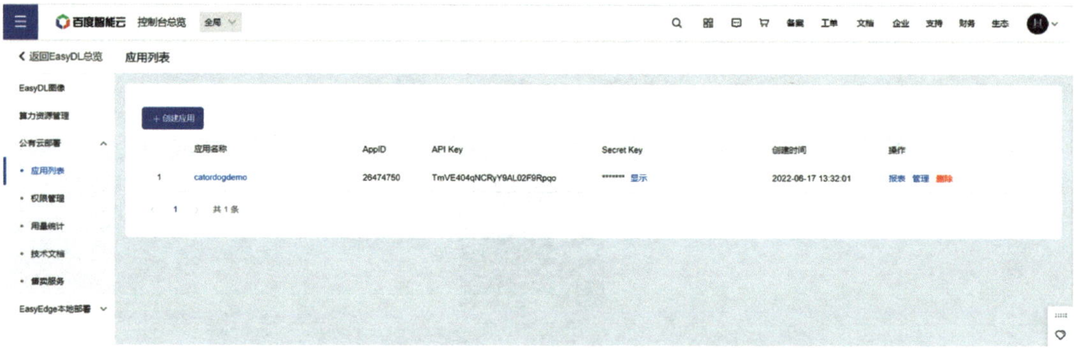

图 12－38　单击“创建应用”按钮

填写信息后单击“立即创建”按钮，如图 12－39 所示。

图 12－39　填写信息后创建应用

创建应用后，在“应用列表”页即可得到 API Key、Secret Key，如图 12－40 所示。

图 12－40　获取 API Key、Secret Key

通过使用在线 API 测试所训练的模型，代码如下：

```
import sys
import time
import socket
import json
import base64
import requests
from datetime import datetime

print(datetime.now())
domain = "aip.baidubce.com"
myaddr = socket.getaddrinfo(domain,'https')
print(str(domain) + " = " + myaddr[0][4][0])

start = time.time()
appid = 'appid'
client_id = 'AK'
client_secret = 'SK'
host = 'https://aip.baidubce.com/oauth/2.0/token?grant_type=client_
credentials'   host += "&client_id=%s&client_secret=%s" % (client_id,
client_secret)

session = requests.Session()
response = session.get(host)
access_token = response.json().get("access_token")

request_url = "【模型信息－服务详情－接口地址】"
with open('image.jpg','rb') as f:
    image = base64.b64encode(f.read()).decode('UTF8')
headers = {
'Content-Type':'application/json'
}
params = {
"image": image
}
```

```
request_url = request_url + "?access_token = " + access_token
response = session.post(request_url, headers = headers, json = params)
content = response.content.decode('UTF-8')
print(json.loads(content))
end = time.time()
print('耗时时长：%1.2f s'% (end - start))
```

任务小结

通过本任务的学习，读者能够了解 EasyDL 平台的使用场景与优势，能够创建百度 AI 开放平台账户，并通过准备好的训练数据完成使用 EasyDL 训练图像分类模型。同时通过对任务准备的学习，读者应了解 EasyDL 的操作方法。

任务评价

通过学习本任务，查看自己是否掌握了以下技能，在技能检测表中标出已掌握的技能。

评价标准	自我评价（0~10 分）	小组评价（0~10 分）	教师评价（0~10 分）
是否熟悉 EasyDL 的特点			
是否掌握了 EasyDL 的应用场景			
是否掌握了创建百度 AI 开放平台账户的方法			
是否能够使用 EasyDL 训练图像分类模型			
是否能够对模型进行调用			

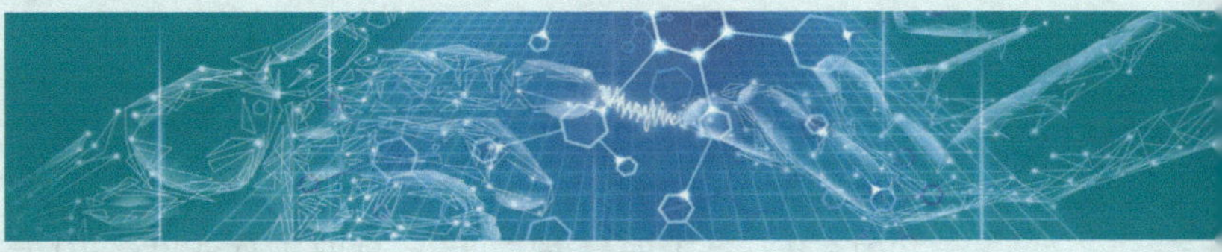

任务 13 使用 EasyDL 实现芯片划痕质检

任务目标

知识目标

1）掌握工业质检的概念

2）熟悉芯片划痕质检案例

3）了解其他工业质检应用案例

技能目标

1）能够使用 EasyDL 标注图像数据

2）能够使用 EasyDL 训练图像分类模型

3）能够使用 EasyDL 调用模型

素质目标

1）具有动手意识和团队意识

2）具有持续自主学习的能力

任务描述

EasyDL 是百度推出的定制化的图像识别平台，只需要几步就可以做出简单的模型。本任务将以芯片划痕质检模型为示例，演示图像分类模型训练全过程。

任务准备

图像分类任务的目标是根据图像信息中所反映的不同特征，把不同类别的图像区分开来，从已知的类别标签集合中为给定的输入图片选定一个类别标签。本任务将主要介绍 EasyDL 平台的使用方法与优势，并介绍在 EasyDL 平台中使用芯片划痕的数据集实现芯片划痕质检的案例。

13.1 什么是工业质检

2016 年，“工匠精神”写入政府工作报告，引发了社会热议，也引发了人们对精益求精、执着敬业的再思考。工匠精神是对细节永无止境的打磨，是对完美和极致的不懈追求，更是对创新和创造的不断突破，而质检工作是对工匠精神的最好诠释。

质检工作具体是指根据某项标准衡量产品是否达标的质量检查。工业质检是在工业领域中，按照质量标准对质检品（既包括原材料、中间体、半成品，也包括成品）进行检验、比较和判定的过程。

对于工业领域中负有质量管理责任的质检部门而言，强调工匠精神，既是职责本分，也是抓好各项工作的根本保证。

13.2 芯片划痕质检案例介绍

随着科技的发展，大多数电子元件生产企业都应用智能技术来辅助企业生产。以集成电路（IC）芯片为例，IC 芯片作为智能电器的核心部件，一直充当着“大脑”的角色，可用于智能手机、电视机、音响、计算机、电子琴等各种电子设备。

IC 芯片封装工艺完成后，必须经过严格的检测。芯片质检是确保产品质量必不可少的重要环节，它直接影响 IC 产品的质量和后续生产环节的顺利进行。但是，在制造产品的过程中，表面缺陷通常是不可避免的。因此需要进行芯片质检。芯片质检主要包括对芯片主体、引脚、丝印等方面的质检。常见缺陷有芯片表面划痕、引脚间距不均、引脚残缺等。

2022 年，“中国软件杯”大学生软件设计大赛（高职组）中的一个赛题也引用了该产业案例，要求选手使用 EasyDL 平台完成数据标注、模型训练、模型部署等工作，并将模型部署到智慧工业操作台（见图 13－1）中，进行模型验证，最终判断芯片实物是否存在划痕缺陷和引脚缺失的问题，如图 13－2 所示。本任务对接竞赛要求，要求通过 EasyDL 平台训练一个能够识别芯片表面是否有划痕的模型。

图 13－1 智慧工业操作台

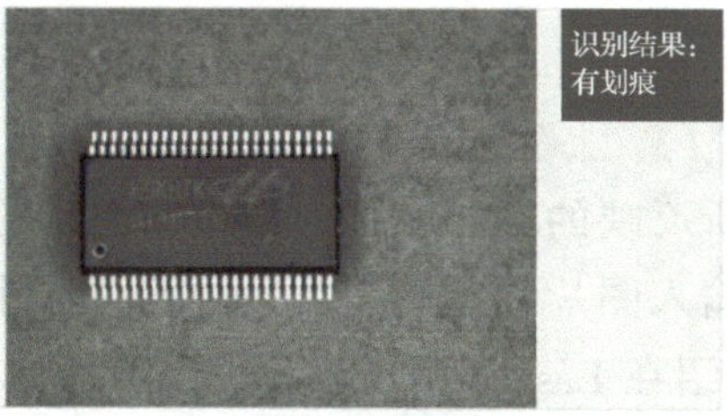

a）芯片划痕质检

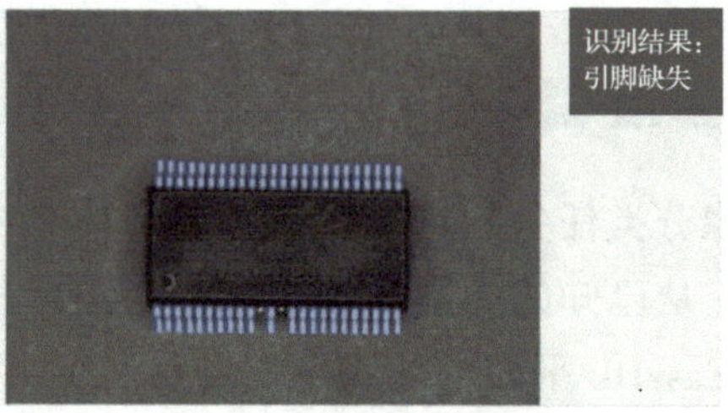

b）芯片引脚质检

图 13－2 2022 年“中国软件杯”大学生软件设计大赛（高职组）赛题实现效果

13.3 其他工业质检的应用案例

在工业自动化甚至智能化的生产过程中，连续大批量生产的每一步操作都会产生一定的次品率，从单独步骤看微乎其微，但叠加后可能会成为厂商难以提高优良率的瓶颈。经过完整制作过程后再剔除次品，成本会高很多。因此，及时通过工业质检并剔除次品，对品质控制和成本把控非常重要，也是制造业升级的重要基石之一。接下来介绍工业质检在实际生产中的行业应用。

在工业质检行业中，喷油器阀座瑕疵检测日均检测量是 4000 ~ 6000 件，峰值是 12000 件，目前只能通过传统的人工肉眼来进行判断。提升质检的审核效率是众多生产工厂的核心诉求，而人工智能技术可以帮助生产工厂，在工业质检方面提高质检效率，如图 13 - 3 所示。

另外，进出口的服装、鞋子、帽子等纺织品都必须经过检针，防止产品里有缝制过程中残留下的断针、金属小物件等。质检部门每天需要检查货品十几万件，传统的 X 光检针机仅能够透过 X 射线返回箱包的内部信息，还需要人工来判断箱包中是否含有金属异物等，质检效率较低且人力成本较大。此时，基于物体检测技术，使用已有的 X 光检针图像进行标注，经过多个模型迭代验证，最终获得可以在生产线上使用的模型，达到了清点箱包金属部件个数、判断有无异物、及时发出预警的目的，如图 13 - 4 所示。

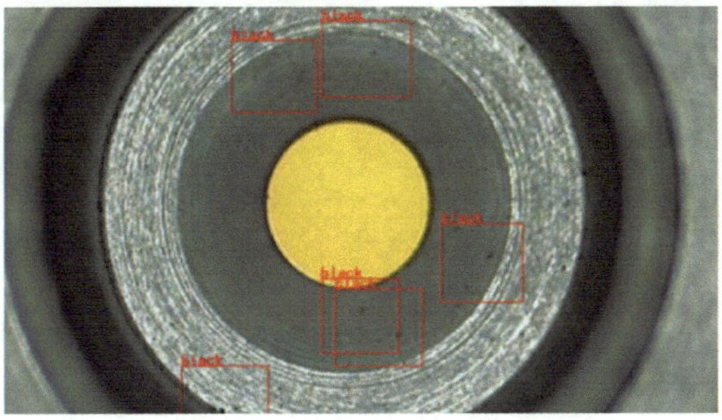

图 13 - 3　喷油器阀座瑕疵检测

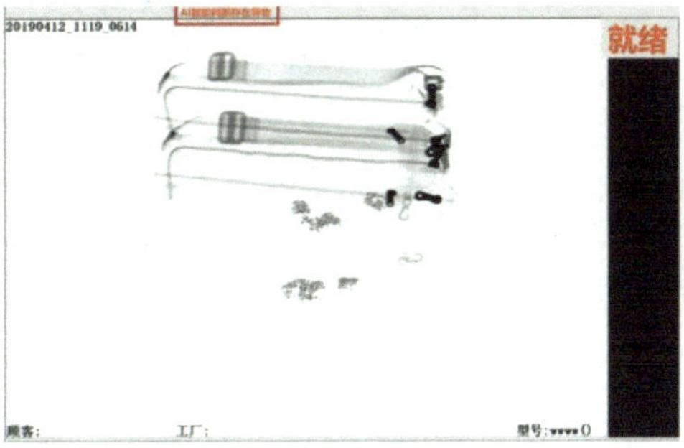

图 13 - 4　箱包异物检测

任务实施

任务背景

EasyDL 可以实现图像分类、目标检测、文本分类等应用，本任务通过对图像进行分类，实现芯片划痕质检，同时讲解了 EasyDL 的使用步骤。

实验思路

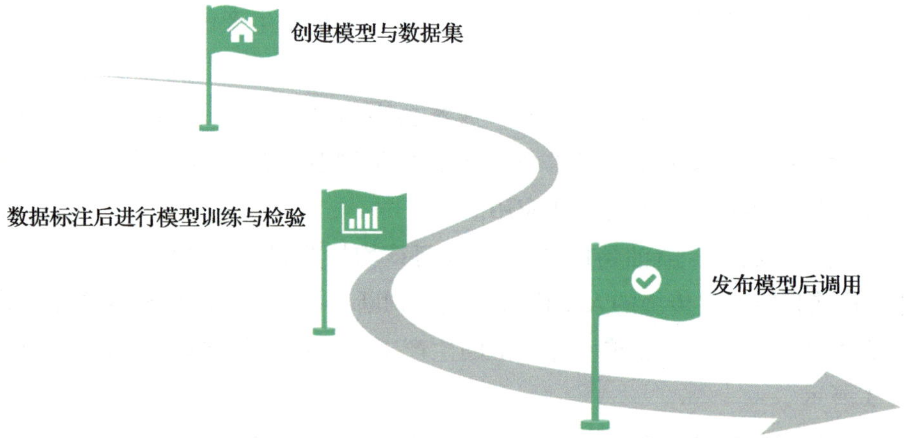

任务步骤

第一步：成为百度 AI 开放平台的开发者。

要使用百度 EasyDL 的模型训练能力，首先需要注册成为百度 AI 开放平台的开发者。快速注册一个百度账号，成为百度 AI 开放平台的开发者（如果已经是开发者，则可直接登录使用），如图 13－5 所示。

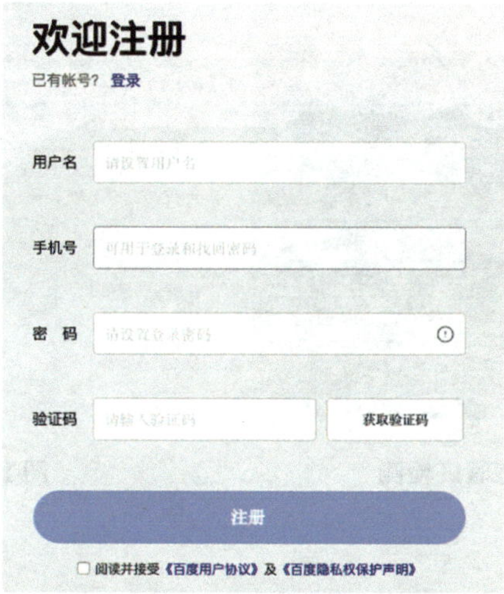

图 13－5　注册百度账号

第二步：提前准备训练数据。

图像分类需要提供不同类别的图片，并完成图片标注，之后即可训练图像分类模型，自动识别图中是否包含某类物体、状态或场景。训练所需的芯片图片示例如图 13－6 所示。图 13－6a 为芯片表面无划痕的图片示例，图 13－6b 为芯片表面有划痕的图片示例。

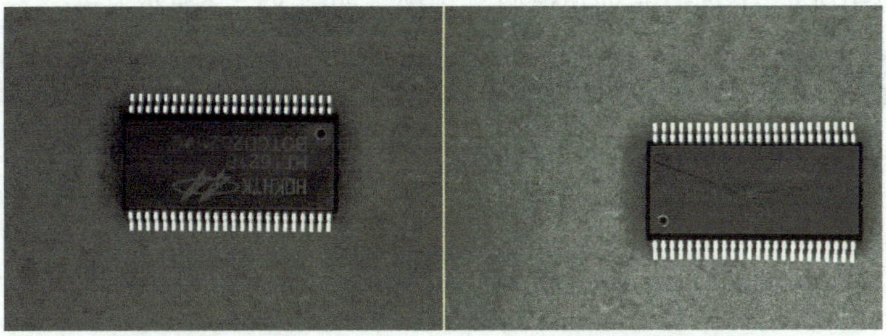

a）芯片表面无划痕　　　　b）芯片表面有划痕

图 13－6　数据集内图片示例

理论上，图片数量越多，训练效果越好，建议每个类别不低于 60 张图片。

第三步：创建模型。

进入 EasyDL 官网，单击“立即使用”按钮，如图 13－7 所示。

图 13－7　EasyDL 官网

如图 3－18 所示，选择“图像分类”选项，进入操作台。

图 13－8　选择“图像分类”选项

在“模型中心”下选择“创建模型”选项，如图 13－9 所示。

图 13－9　选择“创建模型”选项

填写模型信息，完成后单击“完成”按钮，如图 13－10 所示。

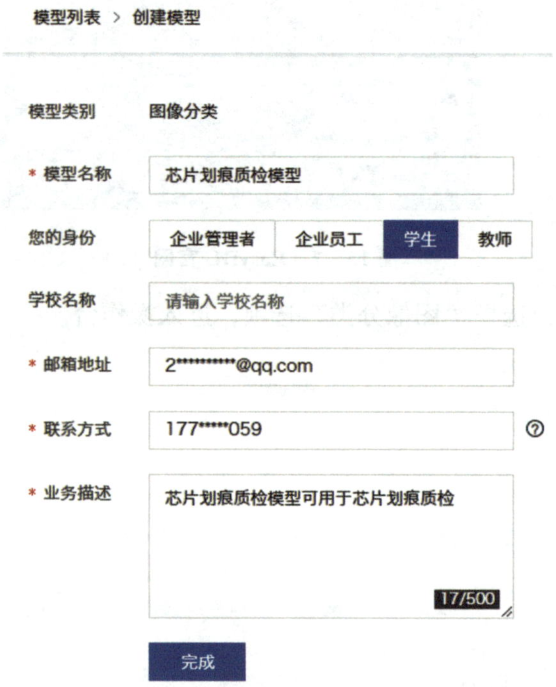

图 13－10　填写模型信息

模型创建完成后可在“我的模型”界面查看已创建的模型信息，如图 13－11 所示。

图 13－11　查看创建完成的模型信息

第四步：创建数据集。

在“数据总览”界面单击“创建数据集”按钮，如图 13－12 所示。

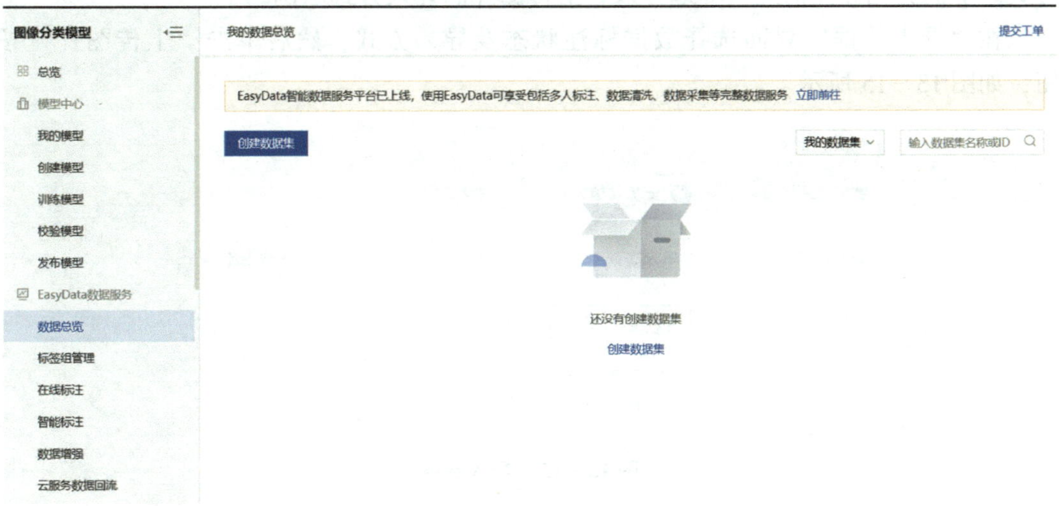

图 13－12　单击“创建数据集”按钮

在“创建数据集”界面输入数据集名称后单击“完成”按钮，如图 13－13 所示。

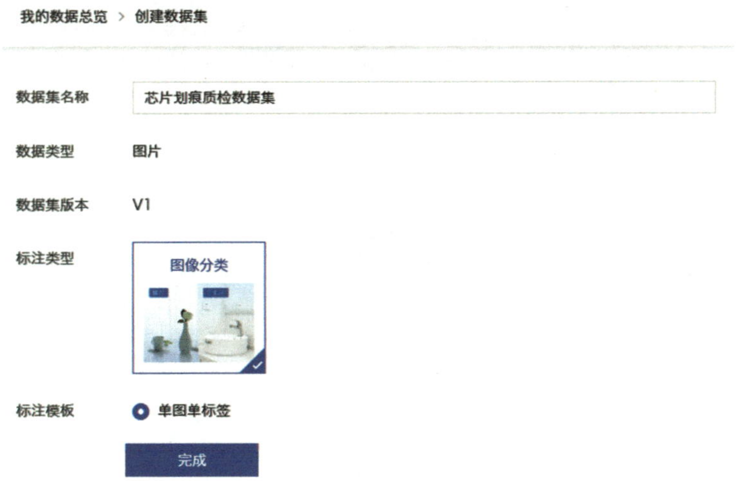

图 13－13　完善数据集信息

数据集创建完成后，可在“数据总览”界面查看已创建完成的数据集，如图 13－14 所示，在“操作”选项下单击“导入”链接跳转至“导入数据”界面。

图 13－14　查看已创建完成的数据集

数据导入时支持无标注信息、有标注信息两种数据标注状态的数据以及多种导入方式。下面为无标注信息—本地导入—上传图片的导入方式示例。

在“导入数据”界面选择数据标注状态及导入方式，然后单击“上传图片”按钮，如图 13－15 所示。

图 13－15　导入数据

上传图片时，一定注意格式要求。

在打开的“上传图片”界面中单击“添加文件”按钮，如图 13－16 所示。

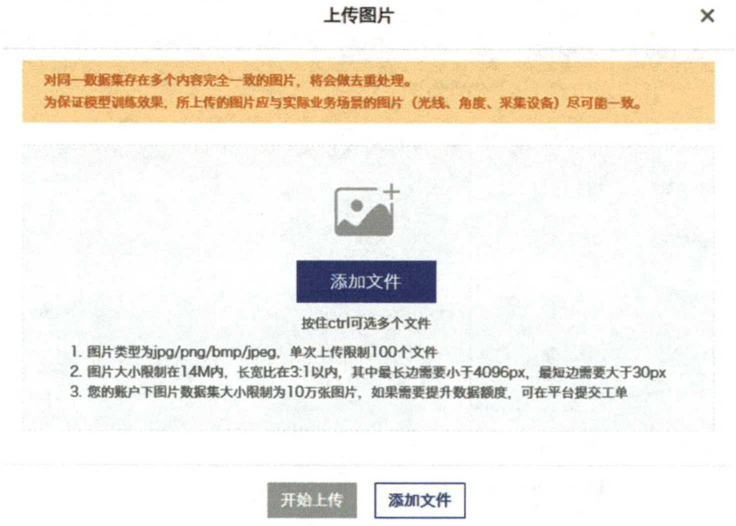

图 13－16　单击“添加文件”按钮

在打开的界面中选择好图片后，单击“开始上传”按钮，如图 13－17 所示。

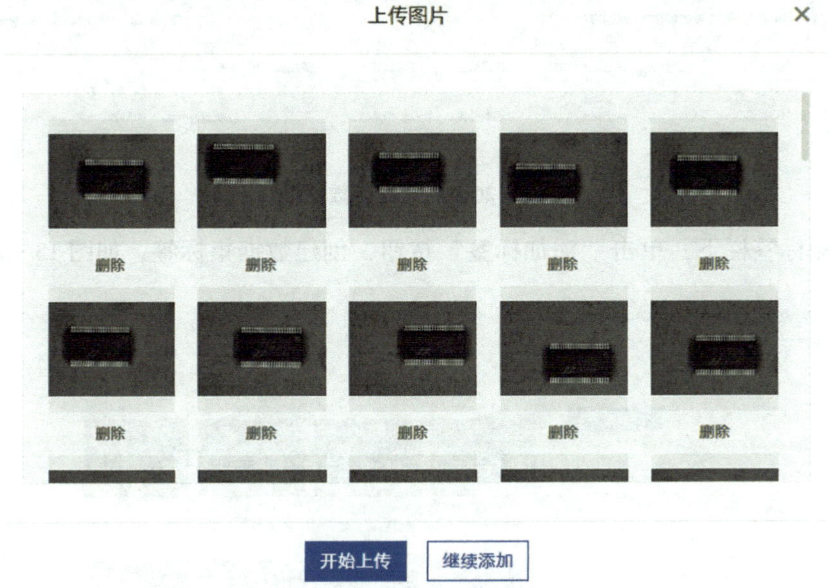

图 13－17　开始上传图片

上传完成后，在图 13－18 中单击“确认并返回”按钮跳转至“数据总览”界面。

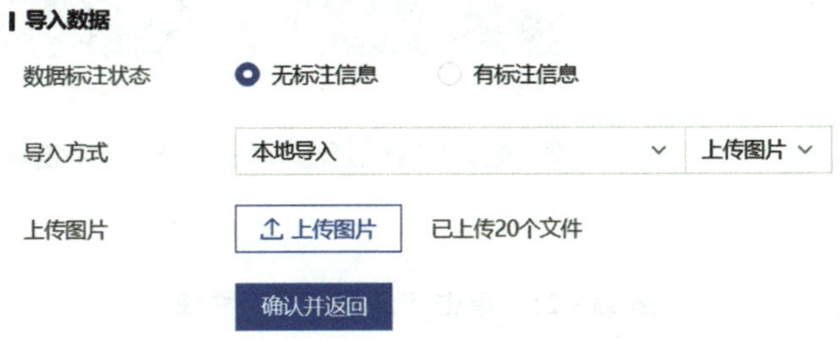

图 13－18　返回“数据总览”界面

在“数据总览”界面可看到所建数据集。图片上传到平台需要一段时间，刷新页面后，待导入状态由“正在导入”变为“已完成”，此时导入成功，如图 13－19 所示。

图 13－19　查看上传状态

第五步：数据标注。

如图 13－20 所示，在“数据总览”界面找到需要标注的数据集，在“操作”选项下单击“查看与标注”链接，跳转至标注页面。

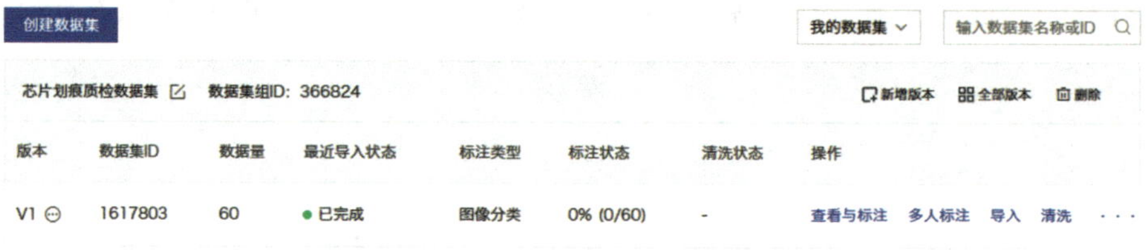

图 13－20　准备进行数据标注

在左侧标签栏下，单击“添加标签”按钮，创建数据集标签，如图 13－21 所示。

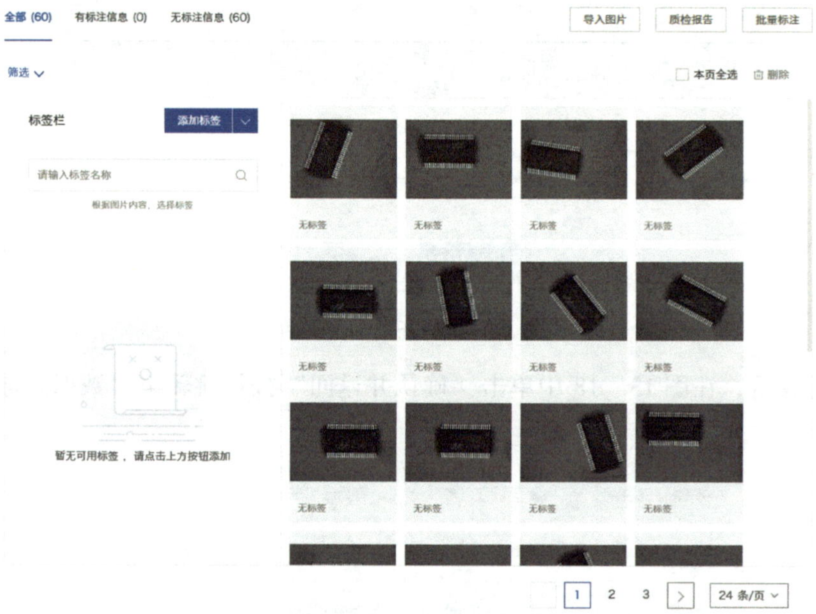

图 13－21　单击“添加标签”按钮

分别输入名称为 good、bad，并单击“确定”按钮，添加数据标签，如图 13－22 所示。

单击图片右下角的图标进入“数据标注”界面，如图 13－23 所示。

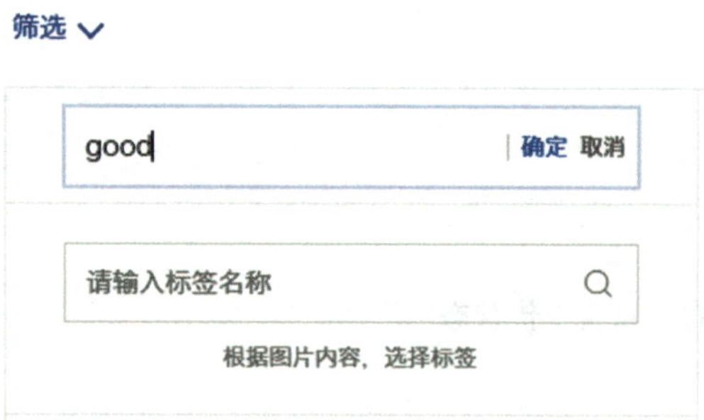

图 13－22　添加数据标签

图 13－23　进入“数据标注”界面

在当前图片下的右侧标签栏内选择某一类别，代表为图片打上相应的标签，保存标注结果后自动跳转至下一张。标注完所有图片后，该数据集便可用于后续模型训练。数据标注完成如图 13－24 所示。

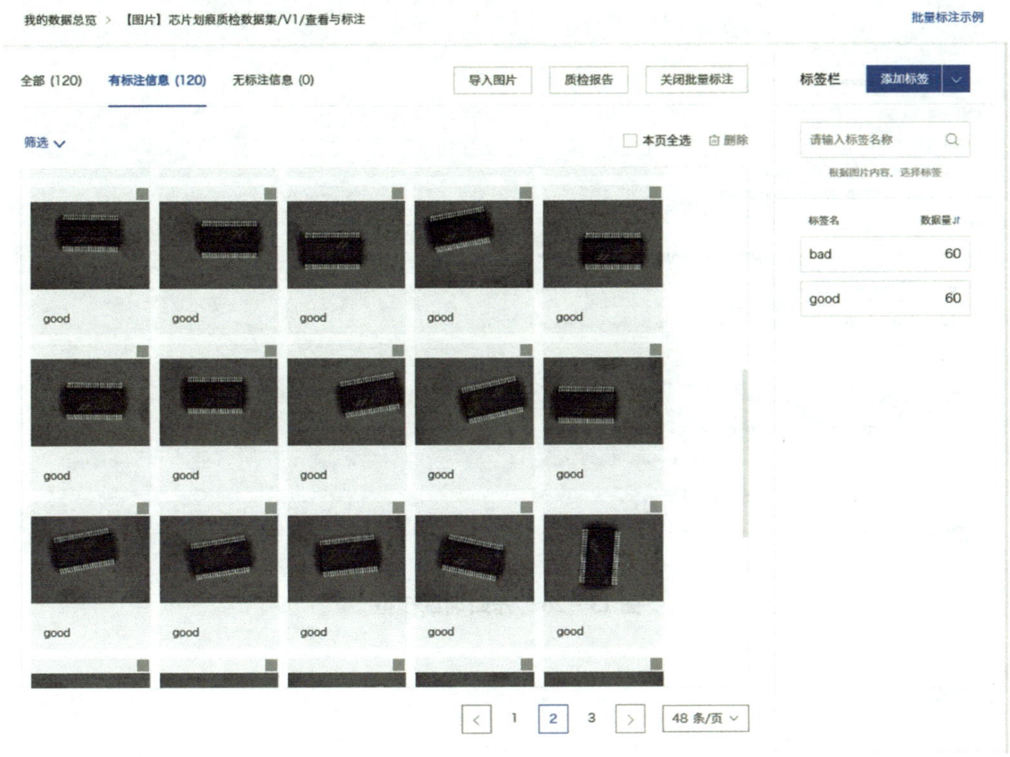

图 13－24　数据标注完成

第六步：模型训练。

数据集准备完成后，单击“训练”按钮，进入模型训练配置阶段，如图 13－25 所示。

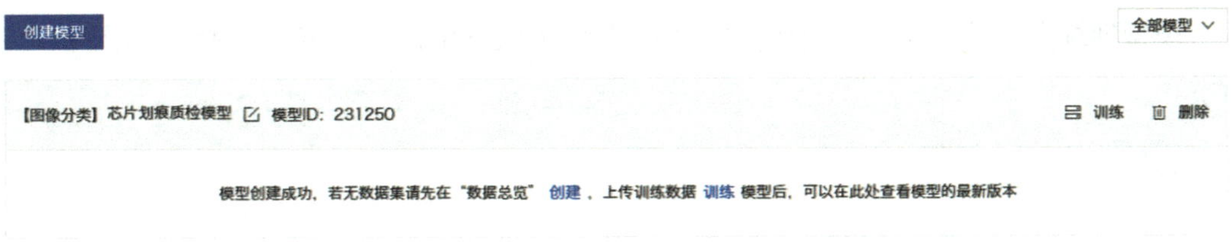

图 13－25　进入模型训练配置阶段

根据需求设置模型各项配置后，添加训练数据集，单击“开始训练”按钮，如图 13－26 所示。

在模型列表下，可以看到处于训练状态的模型，将鼠标指针放置到感叹号图标处，即可查看训练进度，如图 13－27 所示。

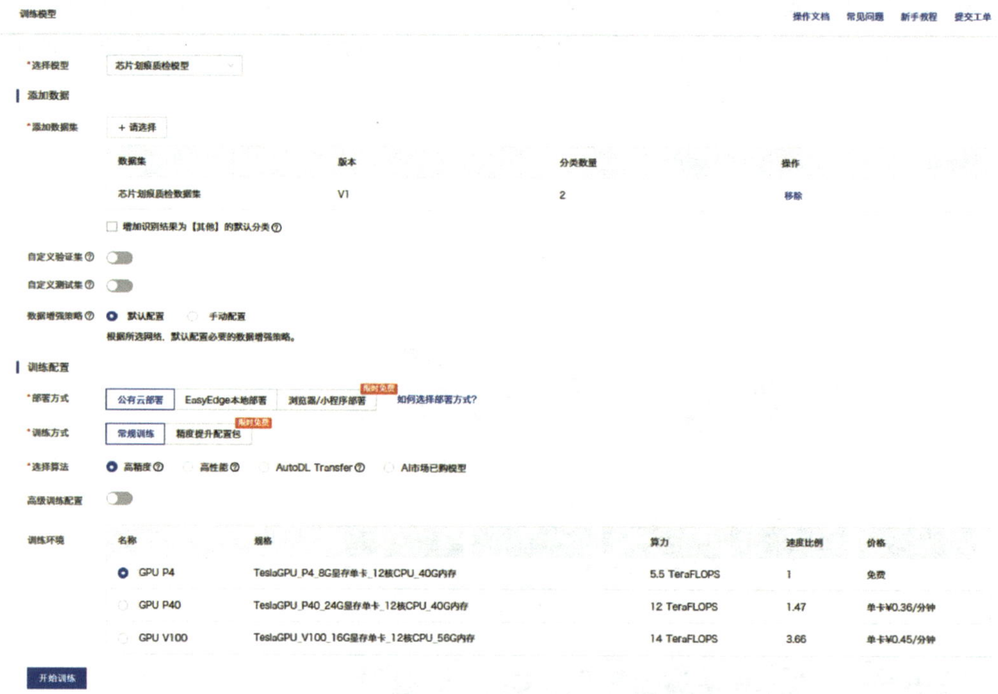

图 13－26　开始训练模型

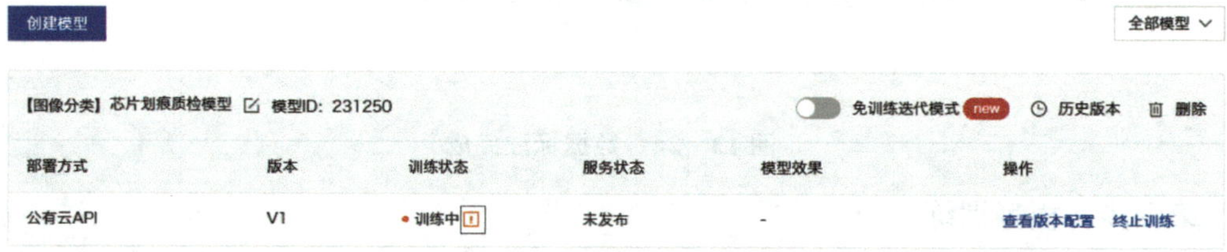

图 13－27　查看训练进度

第七步：模型校验。

模型训练完成后，可在模型列表的“操作”选项下单击“校验”链接，如图 13－28 所示。

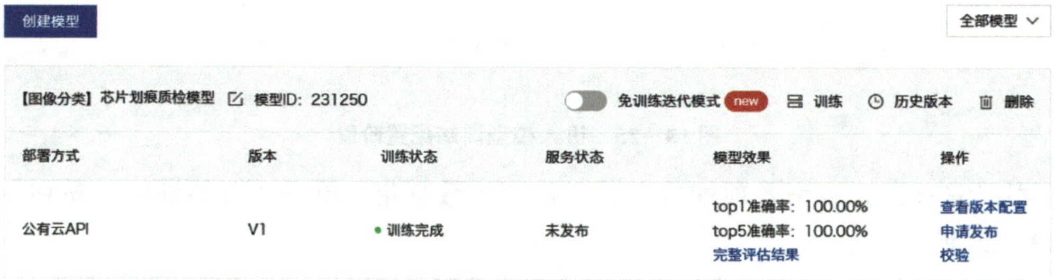

图 13－28　准备模型校验

单击“启动模型校验服务”按钮，需等待几分钟，如图 13－29 所示。

图 13－29　启动模型校验服务

单击“点击添加图片”按钮，进行模型校验，如图 13－30 所示。

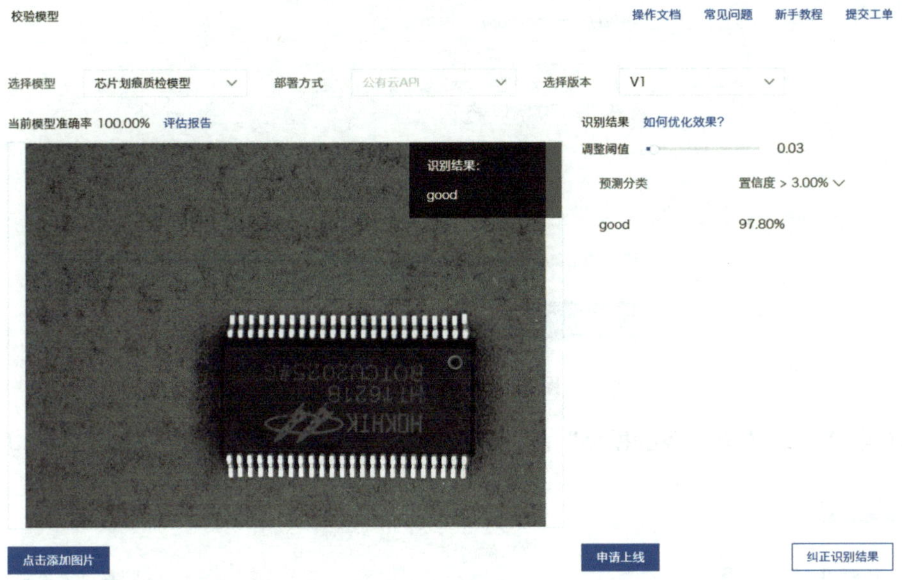

图 13－30　进行模型校验

第八步：模型发布。

模型训练完成后，单击“操作”选项下的“申请发布”链接，如图 13－31 所示。

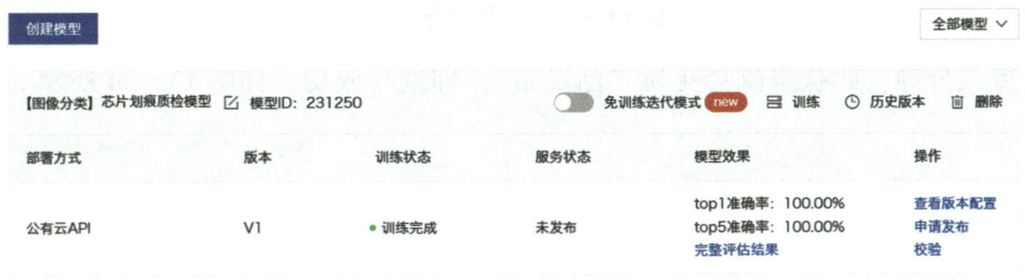

图 13－31　申请发布上线模型

按要求填写相应信息后，单击“提交申请”按钮，如图 13－32 所示。

注意： 可选择下方的“同意云服务数据回流服务条款并开通服务”复选框，通过云服务调用数据反馈，可查找公有云服务模型识别错误的数据，纠正结果并将其加入下一次用于训练模型的数据集，实现训练数据的持续丰富和模型效果的持续优化。

图 13－32　提交申请

提交申请后跳转至“我的模型”界面，服务状态变为“发布中”，如图 13－33 所示。

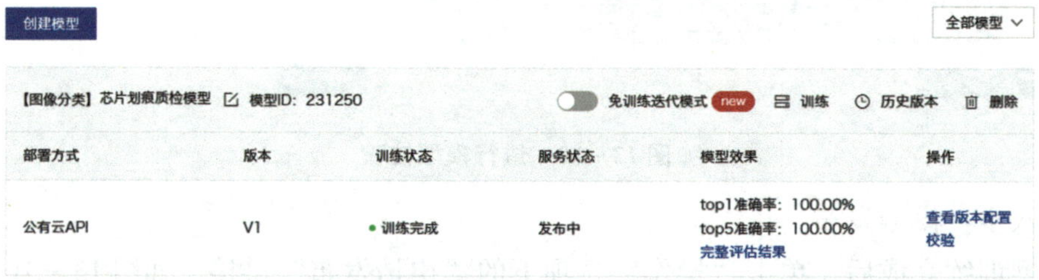

图 13－33　查看发布状态

等待几分钟，此状态就会变为“已发布”，即发布成功，如图 13－34 所示。

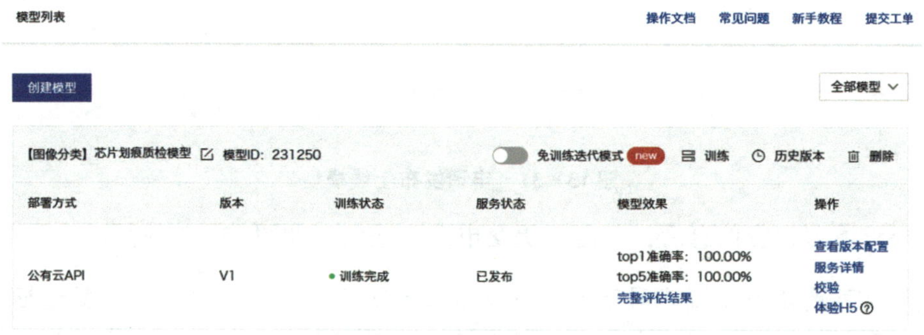

图 13－34　模型发布成功

第九步：体验 H5。

模型发布成功后，可在“模型列表”页的“操作”选项下单击“体验 H5”链接，进行模型体验，如图 13－35 所示。

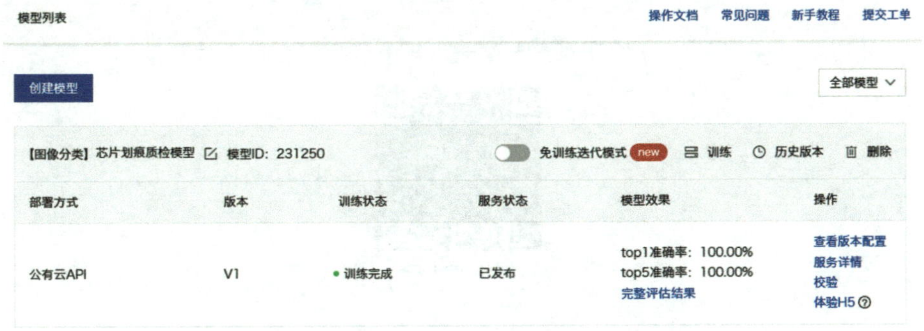

图 13－35　开始进行模型体验

选择体验 H5 的模型并单击“下一步”按钮，如图 13－36 所示。

图 13－36　选择要调用的模型

自定义样式后单击“生成 H5”按钮，如图 13－37 所示。

图 13－37　生成 H5

使用手机扫描生成的二维码（图 13－38）即可在手机端体验模型效果。

图 13－38　生成二维码

第十步：模型调用。

在 EasyDL 的“我的模型”列表页中的“操作”选项下单击“服务详情”链接后，会获取接口地址，如图 13－39 所示。

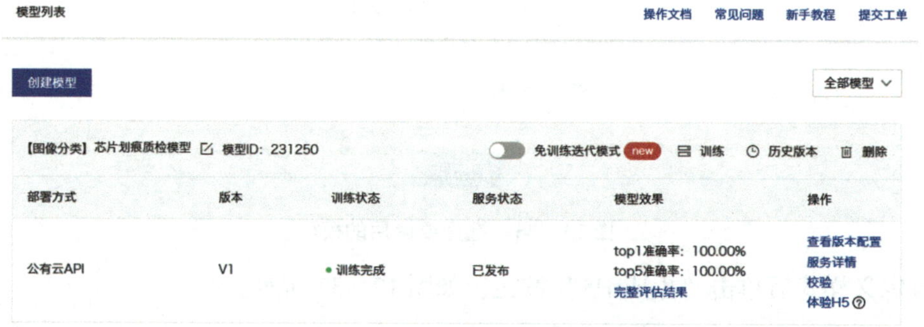

图 13－39　获取接口地址

此接口地址在模型调用代码中会用到，单击“立即使用”按钮，如图 13－40 所示。

图 13－40　查看接口地址并使用

在这一步中，需要登录 EasyDL 控制台，单击“创建应用”按钮，创建一个应用，如图 13－41 所示。

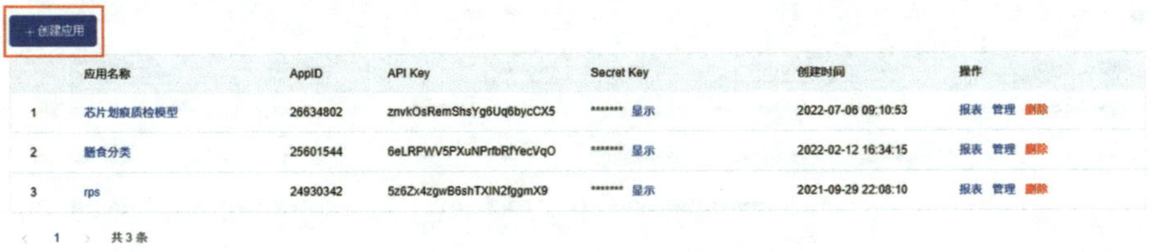

图 13－41　单击“创建应用”按钮

填写信息后单击“立即创建”按钮，如图 13－42 所示。

图 13－42　填写信息后创建应用

创建应用后，在“应用列表”页即可得到 API Key 和 Secret Key，如图 13－43 所示。

图 13－43　获取 API Key 和 Secret Key

使用在线 API 测试所训练的模型，代码如下：

```
import sys
import time
import socket
import json
import base64
import requests
from datetime import datetime

print(datetime.now())
domain = "aip.baidubce.com"
myaddr = socket.getaddrinfo(domain,'https')
print(str(domain) + " = " + myaddr[0][4][0])

start = time.time()
appid = 'appID'
client_id = 'AK'
client_secret = 'SK'
host = 'https://aip.baidubce.com/oauth/2.0/token?grant_type=client_credentials'
host += "&client_id=%s&client_secret=%s" % (client_id, client_secret)

session = requests.Session()
response = session.get(host)
access_token = response.json().get("access_token")

request_url = "【模型信息－服务详情－接口地址】"
with open('image1.png','rb') as f:
    image = base64.b64encode(f.read()).decode('UTF8')
headers = {
'Content-Type':'application/json'
}
```

```
params = {
"image": image
}
request_url = request_url + "? access_token = " + access_token
response = session.post(request_url, headers = headers, json = params)
content = response.content.decode('UTF - 8')
print(json.loads(content))
end = time.time()
print('耗时时长: % 1.2f s'% (end - start))
```

任务小结

通过本任务的学习，读者能够了解工业质检的概念，熟悉芯片划痕质检案例。同时，通过对任务技能的学习，读者能够熟悉芯片划痕质检案例的开展流程，通过准备好的图像数据完成数据的标注，并使用已标注的数据完成芯片划痕质检模型的训练、校验以及发布。

任务评价

通过学习本任务，查看自己是否掌握了以下技能，在技能检测表中标出已掌握的技能。

评价标准	自我评价（0~10 分）	小组评价（0~10 分）	教师评价（0~10 分）
是否熟悉工业质检的概念			
是否了解芯片划痕质检案例			
是否能够使用 EasyDL 进行图像数据标注			
是否能够使用 EasyDL 训练图像分类模型			
是否能够对模型进行调用			

参考文献

[1] 马场口登，山田诚二. 人工智能基础：原书第 2 版 [M]. 张丹，译. 北京：机械工业出版社，2020.

[2] 李德毅. 人工智能导论 [M]. 北京：中国科学技术出版社，2018.

[3] 刘祥龙，杨晴虹，胡晓光，等. 飞桨 PaddlePaddle 深度学习实战 [M]. 北京：机械工业出版社，2020.

[4] 段小手. 深入浅出 Python 机器学习 [M]. 北京：清华大学出版社，2018.

[5] 高敬鹏. 深度学习：卷积神经网络技术与实践 [M]. 北京：机械工业出版社，2020.

[6] 邱锡鹏. 神经网络与深度学习 [M]. 北京：机械工业出版社，2020.

[7] 尼尔森. 深入浅出神经网络与深度学习 [M]. 朱小虎，译. 北京：人民邮电出版社，2020.

[8] 曹其新，庄春刚，等. 机器视觉与应用 [M]. 北京：机械工业出版社，2021.

[9] 吕云翔，王渌汀，袁琪，等. Python 机器学习实战 [M]. 北京：清华大学出版社，2021.

[10] 宋丽梅，朱新军. 机器视觉与机器学习：算法原理、框架应用与代码实现 [M]. 北京：机械工业出版社，2020.